绳编格调家居饰物

绳结 / 纹样 / 技法全书

甘 欣·著

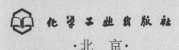

化学工业出版社

·北 京·

图书在版编目（CIP）数据

绳编格调家居饰物：绳结、纹样、技法全书／甘欣著．—北京：化学工业出版社，2021.10（2024.3重印）
ISBN 978-7-122-39705-8

Ⅰ．①绳…　Ⅱ．①甘…　Ⅲ．①绳结—手工艺品—制作　Ⅳ．①TS935.5

中国版本图书馆 CIP 数据核字（2021）第 159766 号

责任编辑：刘晓婷　林　俐　　　　　　装帧设计：卡古鸟
责任校对：张雨彤

出版发行：化学工业出版社（北京市东城区青年湖南街 13 号　邮政编码 100011）
印　　装：涿州市般润文化传播有限公司
787mm×1092mm　1/16　印张 11　字数 374 千字　2024 年 3 月北京第 1 版第 3 次印刷

购书咨询：010-64518888　售后服务：010-64518899
网　　址：http://www.cip.com.cn

前言
PREFACE

在80后的童年时期，家里几乎都会有几位编织很厉害的长辈，她们能编出很多精美的家居小物和首饰——我就是在这样的环境下耳濡目染长大的。对绳艺非常敏感的我，很快就掌握了各种编织技巧。我一直都把编织作为兴趣爱好，直到大学毕业后有幸为一家服饰公司设计绳编首饰，至此编织变成了我的事业。通过几年的沉淀，我的编织在技艺、审美、款式等方面都有了飞跃性的进步。我总是在挑战各种有难度的设计，2012年当我看到国外关于Macramé的图片时，我好像被击中了一般：其实用简单的绳结和技法也能做出千变万化的设计。

Macramé（音译：麦克拉梅）是一种编织手工艺术，不用任何工具，只需双手便可以完成。近几年随着北欧风的家居装饰越来越流行，Macramé编织物又开始活跃在时尚装饰圈，一件简单的米白色绳编挂毯就能立刻提升家居格调，为家里增添一些暖意。Macramé的一些编法与中国结艺的基础结非常相似，有编织基础的朋友很快就能上手。Macramé中常用的绳结并不难，它更注重的是整体的视觉效果，用绳结的不同组合表达我们的想法。

2012年我和先生创立了"伊織星球"独立编织品牌，而后设立了线下的"伊織星球"工作室，用我们擅长的绳编设计装饰空间。2016年筹备自己的婚礼时，我们设计了一幅大型的编织挂毯作为婚礼现场留影区的主装饰。当时国内用编织设计装饰婚礼的案例并不多，我们的设计在手作圈中掀起了一阵小浪潮，也带动了家居软装与户外场景的编织装饰。

当我决定要写这本书的时候，我想把自己近二十年的编织经验毫无保留地分享给大家，而这个分享的过程我希望是真实的呈现，于是我找到我的好朋友们并为她们的家设计绳编装饰，便有了第1章的实景内容及多款绳编创作。我尝试把一些常用绳结与编法总结出来，并由浅入深展示了141款编织纹样与33件编织物供读者们打开设计思路。

在此感谢我的先生郭泽民配合拍摄所有步骤，感谢陈文苑精心绘制了绳结的手绘图，感谢徐卉和小草帮忙拍摄了多个场景图，也感谢出镜的宠物小伙伴NAMI、伊妹、阿仔、奇诺、丸子、四宝、年糕、西米。最后感谢打开这本书的你，希望我的分享能让你感受到绳编的魅力，丰富你的手作家居生活。

目录
C O N T E N T S

第 4 章　纹样

第 5 章　编织作品

第 1 章

装扮生活

闲逸客厅

客厅在家居环境中占据着非常重要的空间位置，而且常常会有大面积的墙面。在客厅布置一幅编织挂毯，立刻能为家里增添一种独特的视觉效果和手工艺术感，就如一幅画装扮着客厅。

制作方法见116页

挂毯制作方法见162页

清雅卧室

舒服的卧室能消除一日的疲惫，一般床头那面墙会留白，或是挂一幅画，也可以尝试用编织挂毯装饰卧室，同时还可以把枕头、床头灯等卧室小物，都用编织物来装饰，为卧室添几分温暖的肌理感。

灵韵茶室

喝茶已经渐渐成为人们生活休闲的一部分，茶桌上的装饰也越来越受重视。市面上大多数茶席铺垫物都是布面的，用手工编织物设计茶席则更有韵味。

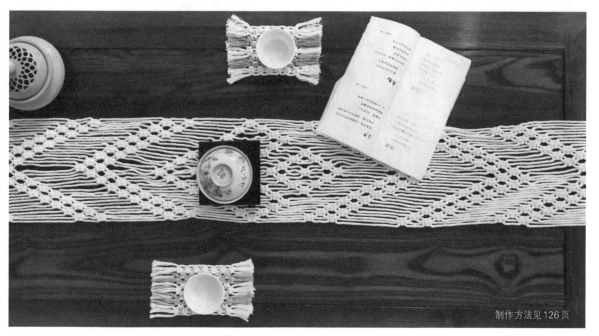

制作方法见126页

空中花园

绿植是家居生活中提升格调和生机的重要元素。花盆大多数情况都是放在地上或者花架上，利用编织挂篮可以将花盆上移，使绿植分布更有空间层次感。

植物挂篮制作方法见 145 页

陶然森林

编织物非常适合挂在花园、森林、草地等户外场景，特别是一些户外婚礼、聚会活动等现场。编织挂毯布置的留影区，既有独特的风格，又不乏手工的温度。

制作方法见 134 页

制作方法见 143 页

制作方法见 156 页

最前面挂毯制作方法见 118 页

朋友的家

本书中展现的编织物实拍都来自朋友们的家。策划初期我就到朋友家量尺寸、定配色，根据朋友家的场景设计了不同的编织物，目的就是为了让读者真实感受到，只需要一小件编织设计就能提升家居格调。

制作方法见132页

Vee 的面包私塾

Vee是一位非常有想法的面包艺术家，养着两只可爱的柴犬。面包私塾的家居风格整体呈现暖色调，客厅中有一面画作墙，适合搭配稍大的编织挂毯。点缀了奶茶色的白色挂毯、橘色的抱枕、咖啡色的灯罩都能很好地融入原本的风格中。

Vee家的卧室是白色简洁风格，在米白色为主的编织设计中加入薄荷绿配色，既和室内的绿植相当益彰，又能营造温暖舒适的氛围。

挂毯制作方法见154页

制作方法见130页

大鱼的绿房子

大鱼是一位美食料理达人，他喜欢沉浸在大自然并从中获得灵感。他的绿房子里放置了各种各样的植物，家中墙纸也选用了绿植花朵等复古元素，因此挂毯设计要简约大气。真假绿植间的仙人掌挂毯让画面更具趣味性。

大鱼房间中有一面白玉兰墙，肉粉色和白色的编织花朵交错排列，宛如从墙里生长出来的，有种虚实交错的梦幻感。

制作方法见 104 页

制作方法见 166 页

制作方法见164页

蔷薇小草的家

蔷薇与小草是两位短视频博主，她们上传的生活日常分享短视频广受网友好评。刚好两位好朋友新居入伙，我带去几款蓝绿色调的挂毯和小物，装饰起来竟与家中风格十分相衬。她们日常冲咖啡做美食，作为摆拍道具的杯垫和餐垫也偶尔入镜。

制作方法见128页

夏菲的花诚诗意

夏菲是一位花艺造景设计师，工作室门前有一小块花园，平时完成造景项目后若有剩余的花材，夏菲都会把它们插起来。在花园欣赏着插在带有编织罩花瓶里的花朵，再冲一杯花茶，便可以享受一个惬意的下午。

制作方法见140页

Palin 的家

Palin是一位装置设计师，家中有不少关于时尚、美食、陈列等的杂志与书籍。出于职业本能，Palin经常会调整家里的布置。小挂毯非常适合需要时常变化的场景，可以随时调整位置。

制作方法见148页

Sally 的家

Sally 自称是"野生"花艺师，平时喜欢在
花卉市场里挑几束鲜花布置家里。小挂毯非
常适合与花束搭配在一起。

制作方法见168页

制作方法见120页

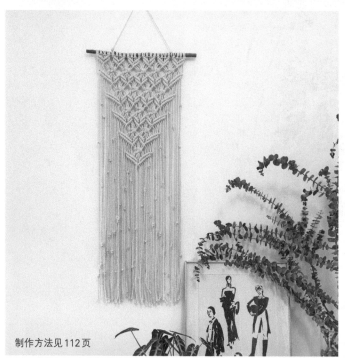

制作方法见112页

青青的蓝舫

青青的生活很自在，开一间蓝舫，招待着好友们，闲时自己酿果酒、烘咖啡豆。蓝色的染色挂毯与蓝色的窗户非常相配，几个好友聚在一起，聊聊手工的琐事，简单又美好。

CRAZY STUDIO

好朋友大姬的工作室养着两猫两柴犬，她很喜欢绿植却常常打理不好，便来请教我，一来二往逐渐熟络。我们闲时会串门、撸猫、撸狗、烧烤、涮火锅，我挑选了两幅小挂毯挂在她的工作室，与柴犬和花猫倒是很搭。桌上再摆放些小装饰品，便可以改变工作室的风格。

制作方法见110页

制作方法见114页

觉园 1984

灵犀和 84 是觉园 1984 复古民宿的主人，觉园保持着广州六七十年代洋楼的内饰与古董家具，许多人慕名前来打卡。有设计感的编织挂毯能很好地融入复古场景，仿佛穿越时空，将时代的温度流传下来。

制作方法见 136 页

制作方法见 108 页

觉园的户外花园有一面斑驳的花墙，拍摄时是深秋时分，墙面只剩下寥寥几片绿叶，将编织挂毯挂上去后，整个场景立马鲜活起来。若是到了春天，可以更换新的编织挂毯。

制作方法见 162 页

伊織星球工作室

伊織星球工作室从创立之初，就运用编织作品作为软装家饰。工作室内的墙面几乎全是留白，我们设计制作完新挂毯后，便会布置场景并拍照记录。

工作室也常常用来招待朋友们。我们热爱美食，喜欢邀请朋友们三不五时地来聚餐聊天，这里便是我们与大家分享生活与美食的小世界。

窗帘制作方法见 158 页

捕梦网制作方法见 134 页

第 2 章

准备工作

材料工具

绳材

市面上的绳材可以分为天然纤维和化学纤维。

天然纤维包括植物纤维、动物纤维和矿物纤维，本书中主要选用植物纤维。植物纤维是由棉花、草类、麻类等植物中提取的有机纤维制作而成，手感柔软，颜色温和。

化学纤维包括人造纤维和合成纤维等，如腈纶、涤纶、锦纶等，常见于生活中的各种纺织面料。合成纤维绳材以尼龙材质为代表，具有高耐磨性和高耐腐蚀性，常见于户外场景。现在市面也有不少由高科技提取的高分子化合物制成的绳材或面料。

不同的绳材有不同的特性和表现方式，通过了解其特性，可以为不同的编织品挑选更适合的绳材。

绳材的种类和特性

棉绳：较柔软，容易上手，是制作编织物常用的绳材，有素胚棉绳和彩色棉绳两种。素胚绳以米白色为主，编织出来的成品干净简约。市面上的彩色棉绳选择有限，也可以自己染色（见024页的染色）。

麻绳：属于天然材质绳材，质感粗糙，适合制作自然场景的设计作品，例如植物挂篮、花瓶装饰、楼梯扶手装饰等。

和纸线/拉菲草绳：二者属于天然材质绳材，韧性强，适合制作森林系的包包、帽子等。

尼龙绳：为人造合成纤维，粗细都有，常见的有圆蜡线、玉线、丝线和璎珞线。绳面光滑，不合适编织挂毯，一般用来制作首饰。

布条线：普遍尺寸较粗，质感柔软，适合编织抱枕、小毯子、小包等。

毛线：分为细毛线和粗毛线，编织绳结时纹路不明显，在本书中主要用来完成纺织纹部分的制作。

特色线：常用的特色线有长毛纱线、豆豆纱线、混合特色线等，编织绳结时纹路不明显，在本书中主要用来制作流苏或留白处的装饰。

素胚棉绳

彩色棉绳

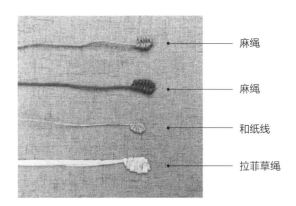

麻绳、和纸线、拉菲草绳

麻绳
麻绳
和纸线
拉菲草绳

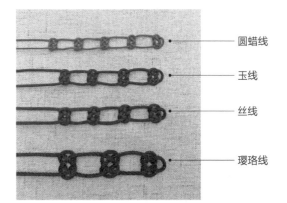

尼龙绳

圆蜡线
玉线
丝线
璎珞线

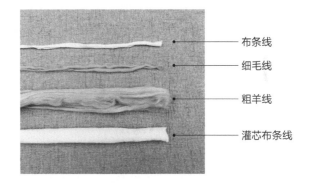

布条线、毛线

布条线
细毛线
粗羊线
灌芯布条线

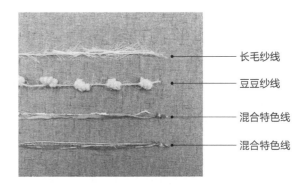

特色线

长毛纱线
豆豆纱线
混合特色线
混合特色线

棉绳的种类和特性

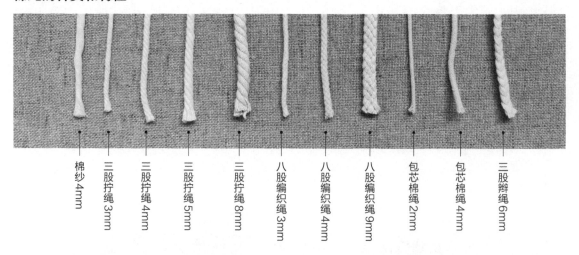

棉纱 4mm
三股拧绳 3mm
三股拧绳 4mm
三股拧绳 5mm
三股拧绳 8mm
八股编织绳 3mm
八股编织绳 4mm
八股编织绳 9mm
包芯棉绳 2mm
包芯棉绳 4mm
三股辫绳 6mm

棉纱
绳子上没有明显的纹理，打散后末端较直，适合制作流苏、叶片或羽毛等。

三/四股拧绳
绳子上有竖条的纹理，打散后呈方便面状，适合制作末端呈蓬松感的挂毯等。

八股编织绳
绳子上有编织纹理，尾部不易打散，打散后具有垂坠感，适合制作大面积绳结的挂毯等。

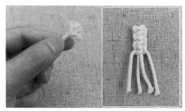

包芯棉绳
绳子上有编织纹理，且多为圆绳，较硬，尾部不易打散，适合制作硬挺的作品。

三股辫绳
绳子上有编织纹理，尾部易打散，既适合制作留白处的装饰，也适合制作编织纹样。

工具

  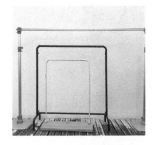 

编织垫板：用于编织小挂毯等小物件，与夹子搭配使用，可用画板、软木板等代替。

夹子：用于将绳子或木棍固定在编织垫板上，常用的有钢夹、长尾夹。

编织架：用于编织大型挂毯，与S形挂钩搭配使用，可用衣架、广告龙门架代替。

S形挂钩：将木棍等支撑杆固定在编织架上，便于编织大型挂毯。

剪刀：用于修剪绳子，图中分别为裁衣剪、普通剪刀和线剪。

卷尺：用于测量绳材及挂毯长度。

珠针：用于将绳子钉在编织板上，固定位置后便于编织。

钩针：用于隐藏线头。

大孔缝针：用于缝线头。

胶带：将绳子粘贴在编织板上可起到临时固定的作用。棉绳尾部易开散，用胶带缠绕线头后更易穿过珠子。图中分别为透明胶带和美纹纸胶带。

梳子：用于梳通绳子尾端。

胶水：部分线头修剪后需要用胶水粘合，防止线头开散。图中分别为白乳胶和布艺胶水。

热熔胶：用于粘贴装饰性素材。

配件

条形支撑杆：木棍、天然树枝、窗帘杆等。

圆形支撑环：木环、藤环、金属环等。

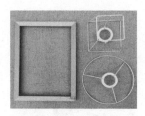
矩形框或立体框：相框、灯具框等。

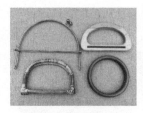
包包手柄：木手柄、竹手柄、圆手柄、金属手柄等。

珠子

毛球

羽毛

蕾丝缎带

仿真花

干花

装饰性材料：木珠、亚克力珠、毛球、羽毛、蕾丝缎带、仿真花、干花等。鲜花适合短期装饰，仿真花和干花适合长期装饰。

处理绳材

预估绳材长度

编织之前处理好绳材，才会编得更加顺畅。根据不同的编织设计，需要提前计算绳材的大概长度，并剪好备用。预估绳材长度是编织的第一步，基于多年的编织经验，下面分享一种计算方法作为参考。

计算公式：［编织部分长度X（6~8倍）+流苏］X2 = 需要的绳长

以编织一个长度约80cm的挂毯为例展示公式的使用方法。

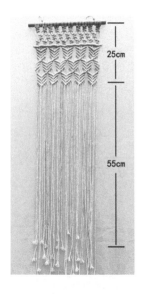

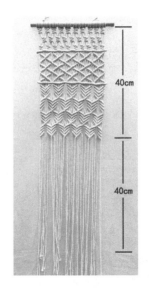

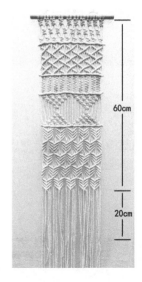

如果编织部分长25cm，流苏部分长55cm，那么需要的绳长为［25X（6~8）+55］X2 = 410~510cm（对折后为205~255cm）。

如果编织部分长40cm，流苏部分长40cm，那么需要的绳长为［40X（6~8）+40］X2 = 560~720cm（对折后为280~360cm）。

如果编织部分长60cm，流苏部分长20cm，那么需要的绳长为［60X（6~8）+20］X2 = 760~1000cm（对折后为380~500cm）。

　　因为每根绳子编织的次数不尽相同，所以预估绳材长度的原则为宁长勿短。若在编织过程中发现绳子不够长时，第3章中也有加绳的方法可供参考。

清洗

　　修剪好的绳材，建议先进行清洗。绳材从工厂出货后，难免会有浮尘或强烈的机油味，通过清洗可以减轻异味和毛尘。而且干净的绳材编织完成后，可以延长作品再次清洗的时间。

步骤1　用常温水稀释洗衣液，浸泡绳材。

步骤2　轻轻搓洗，然后浸泡2~4小时，根据水变浊的程度，增加清洗次数。

步骤3　冲洗干净后，摊开挂在通风处晾干。注意彩色绳材不可暴晒。

染色

根据染料不同，可以分为植物染、染粉染、颜料染。根据染法不同，又可以分为浸染、吊染、喷染、刷染。所有染色方法晾干后会与湿润时的颜色不同，若晾干后颜色不够饱满，可以多次重复染色。

植物染

植物染适合在绳材编织前染色，一般采用浸染法。

步骤1　准备植物染液，此处示范苏木红染液。

步骤2　煮棉绳，去除棉绳中的杂质并漂白，使棉绳更容易上色。

步骤3　浸泡染液，根据棉绳的量及所需颜色，增加浸泡次数及时长。

步骤4　多次清洗，直至水较清为止。

步骤5　挂在不会暴晒的通风处晾干，暴晒会引起褪色。

染粉染

染粉染多数使用的是工业染粉，操作方便快捷，编织前或成品后均可染色，可使用浸染法或吊染法。因为染粉固色不稳定，成品需放在干燥的环境中维持挂毯的颜色。

步骤1　溶解染粉。按照说明比例添加水，浅色稀释多些，深色稀释少些。

步骤2　浸湿。将需要染色的部分浸泡后拧干，方便染料浸入棉绳。

步骤3　浸染。将需要染色的部分浸泡在染液中，可用手轻搓，加速染液浸入棉绳（此处需戴手套操作）。若想挂毯的流苏部分呈现出深浅渐变的效果，需要重复浸染。

步骤4　吊染。为了让染液更深入到棉绳中，可吊染浸泡6~12小时。

步骤5　清洗晾干。染后清洗至水较清即可，挂在不会暴晒的通风处晾干，暴晒会引起褪色。

颜料染

　　用丙烯、水彩、水粉等颜料也可以达到染色的效果，适合给编织成品上色，可使用喷染法或刷染法。由于颜料颗粒较大，渗透棉线的程度不及染粉。织物染色后普遍偏硬且有颜料残留，清洗时可将表面残留颜料冲走，但不用冲洗太久，否则染料也会随之冲走。使用颜料染色会有掉色的可能，清洗晾干后不可碰水和暴晒。

喷染法

步骤1　在量杯中稀释颜料。

步骤2　将稀释好的染液倒入喷壶备用。

步骤3　将棉绳浸泡后拧干，充分湿润需要染色的部分。

步骤4　将挂毯平放在铺了防水桌布上的桌面上。

步骤5　对着需要染色的部分进行喷染，若想染彩色，需要分次喷染不同的颜色。

刷染法

步骤1　稀释颜料。

步骤2　挂毯湿润后，反复刷染需要染色的部分。

步骤3　若想染彩色，需分次操作。

步骤4　清洗后，悬挂晾干。

颜料染色小技巧：

为何要平铺在防水桌布上而不是悬挂起来染色？

　　颜料的分子较大，进入棉绳的速度较慢，悬挂喷染或刷染会流失大量的颜料染液。虽然平铺染色也不能让颜料均匀迅速地渗入棉绳，但是剩余的颜料染液会停留在防水桌布上，静置6~12小时，可使剩余的染液慢慢渗入棉绳，而且两种颜色交界处会融合得非常自然。

染色织物的日常护理

- 不要暴晒，暴晒会引起褪色。
- 尽量不要放在潮湿的环境中。
- 平时掸掸浮尘或用手持吸尘器处理浮尘便可。
- 如果染上污渍，可以用去污喷雾或去污剂轻轻处理掉。
- 可以轻揉手洗，但切勿使用洗衣机清洗或者用力搓洗。

姿势和手劲

姿势

小型挂毯： 采用坐姿即可，坐姿建议用带靠背的椅子，如果编织的时间较长，可以在靠背上稍作休息，缓解颈肩腰的压力。可以将编织垫板放在大腿上，靠在桌子边缘，形成约60°的角度。

中型挂毯： 坐在编织架前，根据编织位置调整编织架的高度。建议高度稍低于水平视线，在这个位置编织时，手臂不会抬得太高，脖子不会太仰，不容易累。继续往下编织时，要及时调整高度。

大型挂毯： 采用站姿。建议将编织架调至比人身高更高一些的高度，开始编织时可以站在椅子上或梯子上。超大型挂毯的绳材都很长，挂高一些可以避免绳子过长拖在地上。编好主体部分后，需要将编织架调到应用场景的实际高度，方便修剪。

小型挂毯

中型挂毯

大型挂毯

手劲

　　每个人对绳材的手感不同，编织时棉绳之间会有相对摩擦力，合适的松紧度会让绳结及编织物整体更具观赏性。编得太松，绳结太软且不紧实，有重物拉扯的情况下容易变形。编得太紧，绳结会偏硬挺，有些垂坠感的设计会因此受到影响。

　　编织时要通过控制手劲来调整绳编的松紧度。

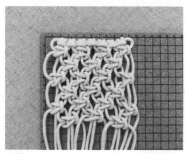 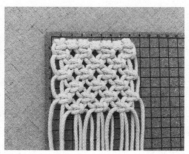 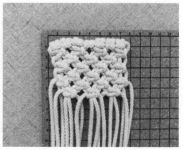

过松　　　　　　　　　　　　正常　　　　　　　　　　　　过紧

第 3 章

基础绳结和技法

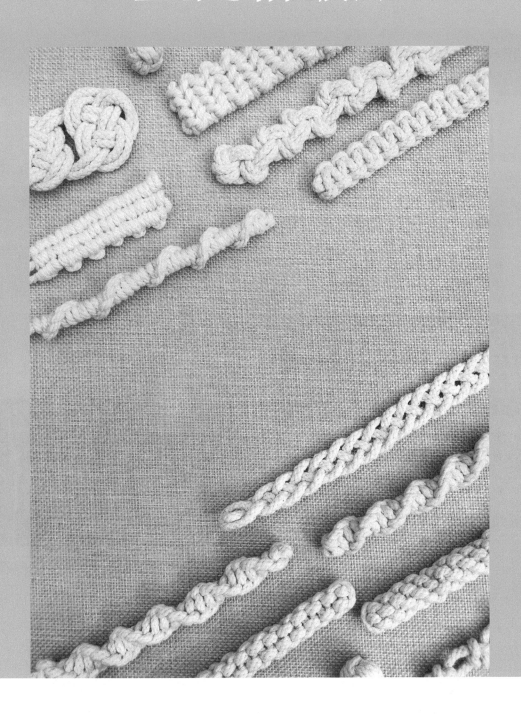

基础绳结

云雀结 / 反云雀结

　　用于起头与中途加绳，云雀结与反云雀结互为正反面。起头一般采用云雀结，也可采用反云雀结，只要统一即可。轴线可以是单股或多股绳子，也可以是树枝、金属环等其他材料。

　　有些绳结需要围绕轴线进行编织，如固定结、平结、斜卷结等。起到支撑作用的中间的绳子我们称之为轴线（轴芯），一般情况下不需要动，而围绕轴线进行编织或者缠绕的是编线（绕线）。

云雀结

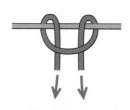

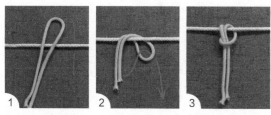

步骤1　绳子对折后，放在轴线上。
步骤2　将轴线上方的绳环向后弯折，放在轴线下，并将绳子末端从前向后穿过绳环。
步骤3　向下拉紧绳子，结头位于正面。

反云雀结

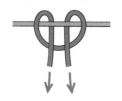

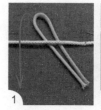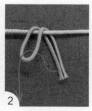

步骤1　绳子对折后，压在轴线下。
步骤2　将绳环向前弯折，并将绳子末端从后向前穿过绳环。
步骤3　向下拉紧绳子，结头位于背面。

单结

　　用于起头、临时定位、收尾固定或穿珠定位等。

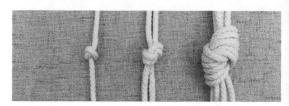

单股

步骤1　选定需要打结的位置，将绳子下端绕到上端绳子下，形成一个绳环。
步骤2　将绳子下端从前向后穿过绳环。
步骤3　向下拉动绳子，将绳结拉至选定的打结位置。

固定结

用于临时固定或者编织完成后的收尾固定。固定结的编法与单结相似，只是多了中间的轴线，轴线可以是单股或多股。

单股轴线

 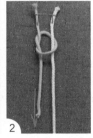 

步骤1　蓝绳为编线，白绳为轴线。将编线下端逆时针绕到两条绳子下，形成绳环。
步骤2　将编线下端从前向后穿过绳环。
步骤3　拉紧绳子，将绳结固定在选定的位置。

多股轴线

步骤1　任意一条绳子为编线，其余均为轴线。将编线下端逆时针绕到所有绳子下，形成绳环。
步骤2　将编线下端从前向后穿过绳环。
步骤3　拉紧绳子，将绳结固定在选定的位置。

单绕结 / 轮结

用于编织竖条状编织纹。重复同一方向单绕结即可形成轮结。根据编线和轴线的位置关系，共有4种编法，如果不需要特别强调方向，只需要掌握其中一种即可。在轮结编织过程中，轴线是不动的，可以是单股或多股。编线一般是单股，朝着同一方向缠绕后编线自动旋转，当编线转到后面时可将其调整至正面，方便操作。

 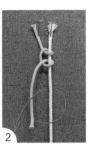 

步骤1　蓝绳为编线，白绳为轴线。将编线逆时针从轴线下绕过，并从编线上穿出，拉紧，完成一个单绕结。
步骤2~3　重复上述操作，形成轮结。

左右结

用于编织竖条状编织纹。左右结由单绕结演变而来，用两股或两股的倍数的绳子交替转换编线编织单绕结即为左右结。与单绕结不同的是，左右结中两股绳子分别交替充当轴线与编线，当一条为轴线时，另一条则为编线，轴线需绷直。

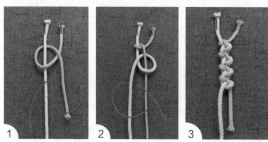

步骤1　蓝绳为编线，白绳为轴线，编织一个单绕结，并拉紧。

步骤2　白绳为编线，蓝绳为轴线，编织一个单绕结，并拉紧。

步骤3　重复步骤1~2，两股绳子互为轴线和编线，直到所需长度。

梭织结

又叫连续云雀结，用于起头、轴线空白处装饰，分为横向梭织结和竖向梭织结。不管是横向梭织结还是竖向梭织结，编织方法都是一上一下进行交替编织。

横向梭织结

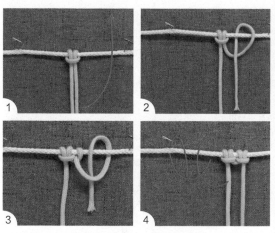

步骤1　将绳子用云雀结固定在轴线上。

步骤2　右侧绳子向上弯曲压在轴线上，形成绳环。绳子末端从后向前穿过绳环。

步骤3　右侧绳子向上弯曲放在轴线下，形成绳环。绳子末端从前向后穿过绳环，完成一个完整的云雀结。

步骤4　左侧绳子重复步骤2~3。注意左侧绳子是先压在轴线上方，然后再放在轴线下方，按照这个顺序编织出来的绳结才是整齐的。

竖向梭织结

蓝绳为编线，黄绳为轴线，编织一个单绕结，拉紧。编织一个相反方位的单绕结，拉紧。重复上述操作，直到需要的长度。

本结

又叫无轴芯平结，用于装饰和连接，用两股或两股的倍数的绳子编织。下面示范2种编法：穿绕法和对折法。穿绕法可以连续竖向编织，但不能承重，上下的拉力会使绳结变形。对折法适合制作两股绳中间的起始结，编织羽毛时常用此法。

穿绕法

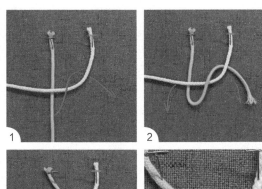

步骤1~2　白绳向左弯折，压在蓝绳上。蓝绳向右绕到白绳下，形成交叉。

步骤3~4　白绳向右弯折，压在蓝绳上。蓝绳向左绕到白绳下，形成交叉。拉紧绳子，完成一个本结，此时结头位于左侧。

对折法

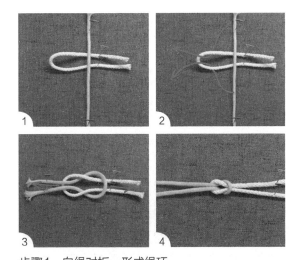

步骤1　白绳对折，形成绳环。

步骤2　将蓝绳的中点放在白绳上。

步骤3~4　将蓝绳的两端从下往上穿过绳环。拉紧绳子，完成一个本结，此时结头位于右侧。

平结

又叫双向平结、方平结，由本结延伸而来，区别是平结有轴线，本结无轴线。平结经常用于挂毯编织，经不同的排列组合可形成多种图案样式。根据第一步绳子位置的不同可以有4种编法，只需要选择一种适合自己的手法便可。编织时，一左一右为一个完整的平结。从起始的结头开始数起，结头数量即为平结数量。

平结至少需要三股绳子，中间的绳子为轴线，至少一股，也可以多股，两侧为编线。本书中的平结一般采用四股绳子，四股更容易计算绳子用量，方便图案设计。

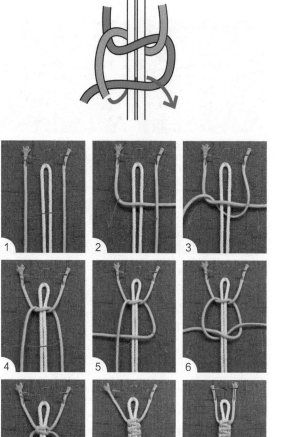

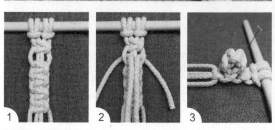

步骤1　在编虾球结前预留一点距离，然后编织4个平结。

步骤2　将两侧编线穿过预留孔。

步骤3　拉紧编线，再编一个平结用于固定。

旋转结

又叫单向平结，与平结不同的是，旋转结是重复同一方向的半平结，形成螺旋纹。旋转结至少需要三股绳子，中间的绳子为轴线，至少一股，也可以多股，两侧的编线重复同一方向的半平结。本书中的旋转结一般采用四股绳子，四股更容易计算绳子用量，方便图案设计。

同平结一样，旋转结也有4种编法，只需要选择一种适合自己的手法便可。侧面的结点数加一便是旋转结的数量。

步骤1　中间两股白绳为轴线，轴线两侧的蓝绳和粉绳为编线。

步骤2~4　蓝绳向右弯折，压在轴线上，并放在粉绳下。粉绳向左弯折，绕过轴线，并从蓝绳上穿出。拉紧绳子，此时为半个平结。

步骤5~7　蓝绳向左弯折，压在轴线上，并放在粉绳下。粉绳向右弯折，绕过轴线，并从蓝绳上穿出。拉紧绳子，完成一个平结，结头位于左侧。

步骤8　重复上述操作，可得到竖条状的平结绳。

步骤9　用两种不同颜色的编线编织时正反面刚好相反，如图8和图9所示。如果用同色线编织，正反面则一样。

虾球结

用于在挂毯中编出立体的效果。一般编3~5个平结即可，平结越多突起越高。

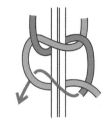

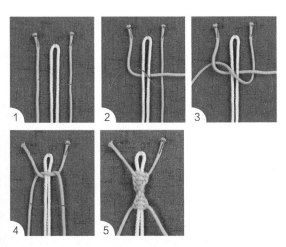

步骤1~3　白绳为轴线，蓝绳和粉绳为编线。蓝绳向右弯折，向下穿过轴线，压在粉绳上。粉绳向左弯折，越过轴线，并从蓝绳下穿过。拉紧绳子，完成半平结。

步骤4~5　重复上述操作，编织同方向的半平结，绳结会自动旋转，形成旋转结。

卷结 / 横卷结

卷结在挂毯等设计中是常用结，而且变化非常多。根据轴线走向角度可分为横卷结、纵卷结、斜卷结。卷结由轴线与编线组成，轴线不动，编线围绕着轴线有规律地缠绕两次，便完成一个卷结。

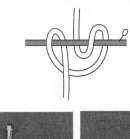

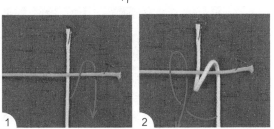

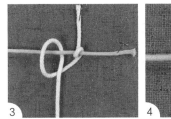

步骤1　蓝绳为轴线，白绳为编线。起始时轴线必须位于编线上方。

步骤2　编线向右上弯折，并向后绕过轴线，注意轴线要拉直。

步骤3　编线向左上弯折形成一个绳环，然后向后绕过轴线，穿过绳环。

步骤4　拉直轴线，拉紧编线，完成一个卷结。

横卷结

横卷结是将数条编线连续缠绕在同一条水平轴线上。

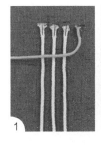

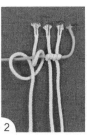

步骤1　右侧蓝绳为轴线，将其水平拉到左侧编线的上方。

步骤2　从紧挨轴线的绳子开始，依次编织卷结，每一个卷结都要紧挨上一个卷结。

步骤3　一根轴线上可以编织多个卷结，形成横卷结。

纵卷结

纵卷结，也叫竖卷结，与横卷结的不同在于，纵卷结是将同一条编线连续缠绕在不同的轴线上。

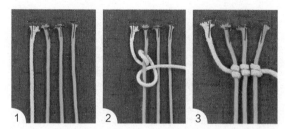

步骤1　左侧白绳为编线，蓝绳均为轴线。编织时轴线必须位于编线上方。

步骤2　从最靠近编线的轴线开始编织卷结，注意轴线要拉直。

步骤3　在接下来的每一条轴线上，用同一条编线编织卷结，形成纵卷结。

注意

注意

不管是横卷结、纵卷结还是斜卷结，关于卷结的编织手法有几点需要注意。

1. 在挂毯等设计中用到卷结时，任意一条绳子都可以是轴线，所以卷结的组合变化非常多。

2. 编织时先确认轴线和方向，轴线向哪边延伸就用哪只手拉直轴线。

3. 编织卷结时，轴线要位于编线的上方。

4. 编线缠绕两圈完成一个卷结。

5. 轴线一定要拉直，不要与编线卷在一起。

斜卷结

斜卷结常用在挂毯等编织作品中，主要做线条设计，可以创造出变化丰富的图案样式。编织方法和横卷结相同，只是轴线倾斜。

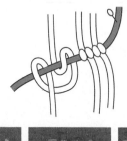

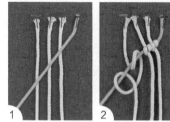
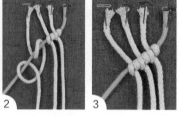

步骤1　右侧蓝绳为轴线，白绳均为编线，将轴线向左倾斜拉到编线上方。

步骤2　从最靠近轴线的编线开始，依次向左下编织卷结，每一个卷结都要紧挨着上一个卷结。

步骤3　一根轴线上可以编织多个卷结，形成斜卷结。

反卷结

一般运用在对称纹理的中间点。反卷结与卷结互为正反面。

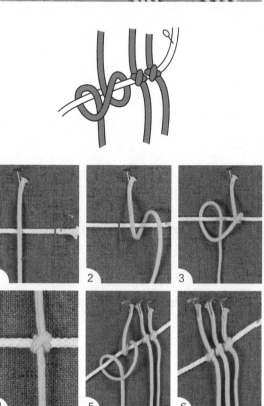

步骤1　白绳为轴线，蓝绳为编线，编织时轴线位于编线下方。

步骤2　编线从右后方绕过轴线，并向下弯折。

步骤3　编线向左上弯折形成绳环，然后向后绕过轴线，穿过绳环。

步骤4　拉紧绳子，绳结呈X形。

步骤5~6　在同一条轴线上，用不同的编线向左编织反卷结。

三股辫

用于编织竖条状编织纹，使用三股或三股的倍数的绳子编织。

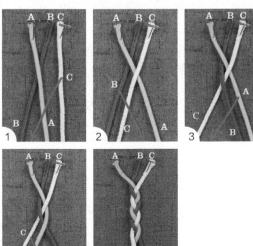

步骤1~2　A绳压B绳，C绳压A绳。

步骤3~4　B绳压C绳，A绳压B绳。

步骤5　重复上述操作，左压中，右压中，直到所需的长度。

四股辫

用于编织竖条状编织纹，用四股或四股的倍数的绳子编织。编织口诀归纳为：最左边绳子压第2条绳子，挑第3条绳子，压第4条绳子（压2挑3压4）。

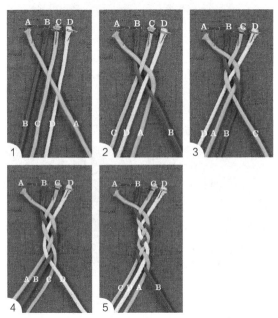

步骤1　A绳压B挑C压D。

步骤2　B绳压C挑D压A。

步骤3　C绳压D挑A压B。

步骤4　D绳压A挑B压C。

步骤5　重复上述操作，并拉紧绳结，直到所需的长度。

玉米结

用于连续编织竖条状编织纹，可分为圆玉米结和方玉米结。玉米结有顺时针和逆时针两种编法，下面示范顺时针编法。

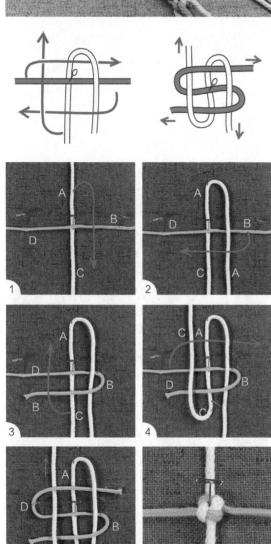

圆玉米结（圆柱结）

重复编织同一个方向（同顺时针或同逆时针）的玉米结，即可形成圆玉米结。

方玉米结（方柱结）

按照顺时针方向和逆时针方向交替编织玉米结，即可形成方玉米结。

步骤1　如图所示，将两股绳子或四股绳子垂直摆放。

步骤2~5　沿着顺时针方向，A绳压B绳，B绳压A绳和C绳，C绳压B绳和D绳，D绳压C绳和A绳，并穿入A绳的绳环内。

步骤6　向四个方向拉紧绳子，形成"田"字形。重复步骤2~5，完成一段玉米结。

秘鲁结

用于单线结尾、加绳或装饰，一般用单股绳子完成。

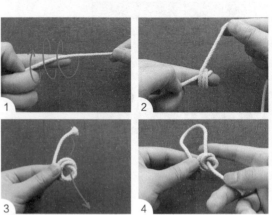

步骤1　左手握住绳子的一端，右手拿着另一端。

步骤2　将右手端的绳子围绕着左手食指和另一端缠绕三圈左右，若要绳结长些可多绕几圈。

步骤3~4　从食指上取下绳圈，绳圈握好不要散开，将右手端的绳子穿过绳圈。

步骤5　慢慢拉紧绳子两端，并调整绳圈的整齐度。

凤尾结

多用于尾端装饰，一般用单股绳子完成。

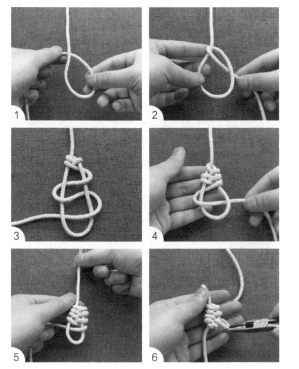

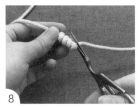

步骤1　绳子上端固定，下端预留稍长些，逆时针向上弯折，并放到绳子下方。

步骤2　下端穿过绳环，向右拉出。

步骤3~4　下端左右交替穿过绳环并拉紧，直到所需长度（一般为6~8次）。

步骤5~6　向上拉紧绳子，并用钳子整理绳结。

步骤7~8　用胶水粘好绳子与绳环交界处，防止开脱（此步骤可做可不做），然后剪掉绳子下端的线头。

8字结

主要作为装饰结，不可作为承重结，重物下拉8字结会变形。

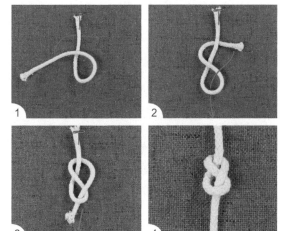

步骤1　绳子上端固定，下端逆时针向上弯折，压在绳子上，形成绳环。

步骤2~3　下端向右弯折，压在上端绳子下方，并由前向后穿过下面的绳环。

步骤4　拉紧绳子两端，调整绳结的松紧与结构，形成"8"字形。

双钱结

主要作为装饰结，不能承重，上下拉扯绳结会变形。

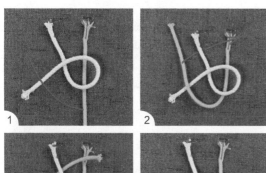

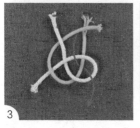 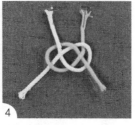

步骤1　白绳和蓝绳上端固定，白绳弯折形成绳环，并将绳环压在蓝绳上。

步骤2　蓝绳下端向左上弯折，压在白绳下端上。

步骤3　蓝绳下端向右穿过白绳上端。

步骤4　蓝绳下端依次压白绳、挑蓝绳、压白绳。然后拉紧绳子，调整绳结的松紧与结构。

缠绕小球

多作为装饰结使用。下面以三圈小球为例进行示范。

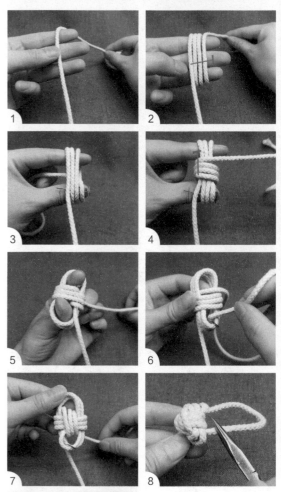

步骤1~2　将绳子放在手指上，用手指做缠绕工具，围绕手指缠绕三圈。

步骤3 将珠针水平插入绳圈作为临时固定，并将绳尾穿过绳圈。

步骤4 以绳圈作为缠绕工具，横向缠绕三圈。

步骤5 将珠针垂直插入绳圈作为临时固定。

步骤6~7 将绳尾穿过第二圈绳圈。以第二圈绳圈作为缠绕工具，缠绕三圈。

步骤8~9 按缠绕顺序拉紧绳圈，必要时可借助镊子，完成三圈缠绕小球。

缠绕结

用于捆扎绳子、悬吊设计的起头、绳子的收尾等。

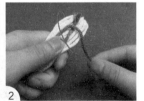

步骤1 绳子弯折形成绳环，短端放在需要捆扎的绳子上。

步骤2 将长端弯折，压到短端上，并保证短端预留出一截线头。

步骤3 长端逆时针缠绕，直至所需的长度（建议7~10圈）。将绳尾穿过下面的绳环。

步骤4 向上拉紧步骤2预留的线头，绳尾和绳环就会被收进缠绕结里面。

步骤5 剪掉两端的线头，可以适当地涂抹胶水。

起头技法

根据不同的编织设计，选择不同的起头方式。下面分享四类编织起头法。

横向起头法

横向起头常用于挂毯制作等，可以在任何条状支撑物上起头，例如树枝、木棍、窗帘杆等。下面示范3种常用的横向起头法。

云雀结 / 反云雀结起头

用云雀结或反云雀结（见030页）起头，需要注意正反结头保持一致。

步骤1 将绳子依次用云雀结或反云雀结固定在支撑杆上，排列整齐。

步骤2 背面为反云雀结。

编织大型挂毯时，绳材会非常长，将每根绳子拉出来编云雀结都会相当耗时耗力，这里分享一个简便的手法。

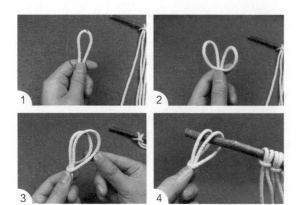

步骤1 对折绳子。

步骤2 顶点向下弯折形成两个绳环，用手指固定住顶点。

步骤3 将两个绳环向后弯折在一起，合并成一个绳环。

步骤4 将支撑杆穿进去，拉紧排好。

平结 / 旋转结起头

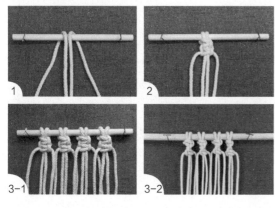

步骤1 两根绳子对折后挂在支撑杆上，中间两条为轴线，旁边两条为编线。

步骤2 编织平结（见033页）或旋转结（见034页）。

步骤3 编平结或旋转结至所需长度。

卷结起头

步骤1 绳子对折后挂在支撑杆上。将最左边的绳子横向弯折，作为轴线，其余均为编线，用前两股绳子编一个卷结（见035页）。

步骤2 拉紧绳子，使绳结紧靠支撑杆。

步骤3 用剩下的编线继续编织卷结。全部编完后，将轴线在支撑杆上缠绕一圈，并拉紧绳子。

悬吊起头法

悬吊起头法常用于挂篮、吊灯等需要悬挂的作品中，既可以借助木环完成，也可以用绳结来制作绳圈部分。下面示范5种常用的悬吊起头法。

单结起头法

步骤1 将多股绳子穿过木环。

步骤2~3 用多股绳子编织单结（见030页）。

步骤4 拉紧绳子，使绳结紧靠木环。

缠绕结起头法

步骤1 将多股绳子穿过木环。

步骤2~3 另取一根绳子编织缠绕结（见041页）。

旋转结 / 平结起头法

步骤1 将多股绳子穿过木环,选边缘两条作为编线,其余均为轴线。

步骤2 编旋转结或平结,至所需长度。

玉米结起头法

步骤1 将多股绳子(四股的倍数)穿过木环,分成四组。

步骤2~3 编织玉米结(见037页)。

步骤4 编织圆玉米结或方玉米结至所需长度。

竖条状编织花纹起头法

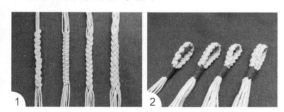

步骤1 在多股绳的中段编织左右结(见032页)、平结(见033页)、三股辫(见037页)或四股辫(见037页)。

步骤2 编至所需长度后对折,用缠绕结将多股绳子捆绑在一起,完成绳圈。由于每种绳结的用绳数量不同,绳圈完成后总绳数为最初绳数的两倍,可以根据接下来的编织花纹确定总绳数。

中心起头法

由绳子组成绳圈形成中心,并向四周辐射。下面示范3种常用的中心起头法。

围绕法

用围绕法起头,拉紧后中心只有一个小孔,无痕效果最佳。后续分组计算总绳数时,最初的两条轴线也要计算在内。

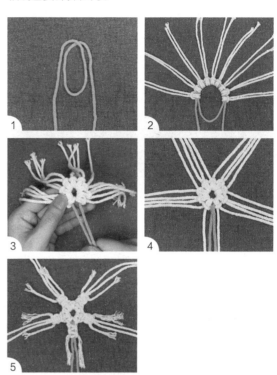

步骤1 绳子两端交叉形成绳环,并形成部分重叠。

步骤2 将绳子用云雀结或反云雀结固定在绳环上。

步骤3 拉紧绳环两端的绳子,整理云雀结的松紧度。

步骤4 以四股一组为例进行分组,以蓝色轴线作为平结的轴线开始编织。

步骤5 本案例示范编织了五组平结。

线圈法

一般情况下4~6个云雀结就可以封圈,云雀结越多,中间的孔越大。

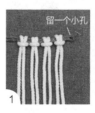 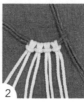 

步骤1 轴线对折放好。将绳子用云雀结固定在轴线上,靠近对折处,留一个小孔。

步骤2 将轴线线尾穿过小孔。

步骤3 拉紧绳子,并整理绳结。

环扣法

环扣起头法用绳量较少，编织完成后更适合作为轴线。加入编线编织一段后，要再次整理环扣，环扣太松不够支撑力，中心会垮掉。

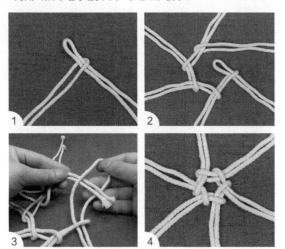

步骤1 对折绳子。将另一根绳子对折后套在第一根绳子上。

步骤2 绳子依次对折后套在上一根绳子上，环环相扣。

步骤3 将最后一根绳子的线尾穿过第一根绳子预留的绳环。

步骤4 拉紧绳子，并整理环扣，尽量紧一些。

闭环起头法

圆环、方环、三角环等封闭环形均可用此法起头。下面示范2种常用的闭环起头法。

云雀结起头

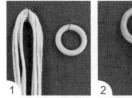

步骤1 准备好绳子和圆环。

步骤2 绳子对折后用云雀结固定在圆环上。

步骤3 将所有的绳子依次用云雀结固定在圆环上，并排列整齐。

卷结起头

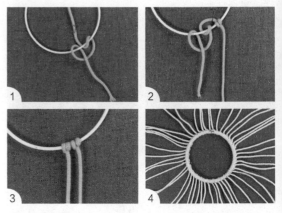

步骤1 将绳子放在圆环下，以圆环作为卷结的轴线，编织卷结。

步骤2 将编线的一端放在圆环下，继续编织卷结。

步骤3 拉紧绳子，收紧绳结。

步骤4 继续用卷结添加绳子，直至排满整个圆环。

加绳与补绳技法

在作品编织过程中，经常会遇到绳子数量不够或绳子长度不够的情况，以下分享几种可以应对这些问题的解决方法。在编织纹样过程中，发现绳不够长时，应提前做好补绳的准备，在合适的绳结位置将绳补足。

加绳

下面示范7种常用的加绳方法。

云雀结加绳

与云雀结起头方法相同，只是云雀结不是固定在支撑杆上，而是固定在绳子上。

加绳数量：由两股增加至多股。

步骤1 连续编织两个云雀结，中间留一段空白。

步骤2 将其余的绳子用云雀结固定在空白绳上，直至所需数量。

平结加绳

在现有的轴线上加绳编织平结。

加绳数量：由两股增加至四股。

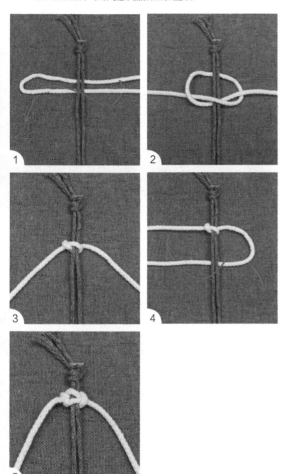

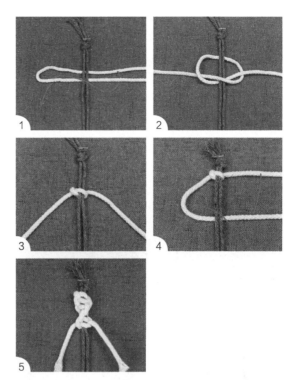

步骤1~3　白绳对折放在灰色的轴线下，绳环位于左侧。上面的白绳向下穿过下面的白绳，然后由前向后穿过左侧的绳环，并拉紧绳子两端。

步骤4　左侧白绳向左弯折，置于轴线下方，绳环位于左侧。

步骤5　重复上述操作，编织旋转结至所需长度。

步骤1~3　白绳对折放在灰色的轴线下，绳环位于左侧。上面的白绳向下穿过下面的白绳，然后由前向后穿过左侧的绳环，并拉紧绳子两端。

步骤4~5　右侧白绳向右弯折，置于轴线下方，绳环位于右侧。

步骤5　上面的白绳重复上述操作，穿过右侧绳环，完成一个平结。

旋转结加绳

在现有的轴线上加绳编织旋转结。

加绳数量：由两股增加至四股。

两侧水平加绳

加绳数量：每增加一组平结增加四股。

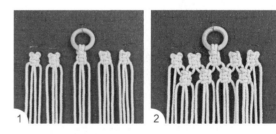

步骤1　根据加绳数量，准备好单独的平结。

步骤2　在起始平结两侧逐个添加单独的平结，并用交错平结将每部分连接在一起。

两侧斜向加绳

加绳数量：每增加一组平结增加两股。

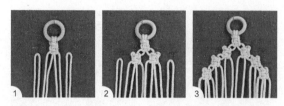

步骤1　在起始平结两侧各放一根对折的绳子。

步骤2　用平结将新绳子和起始平结连接在一起，并在两侧再各放一根对折的绳子。

步骤3　以此类推，添加到所需的数量或长度。

斜卷结加绳

加绳数量：每增加一个卷结增加一股。

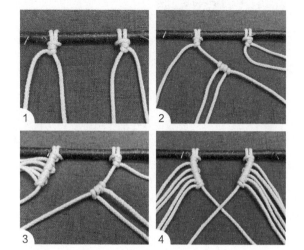

步骤1　将两根绳子对折后用云雀结连接在树枝上，左右两侧两股绳子分别编织一个卷结。

步骤2　在左侧轴线上添加一根绳子，用这根绳子的两端各编一个卷结。

步骤3　同理在右侧轴线上添加一根绳子，编两个卷结。

步骤4　继续添加至所需的数量或长度。

圆形加绳

加绳数量：每增加一个反云雀结增加两股。

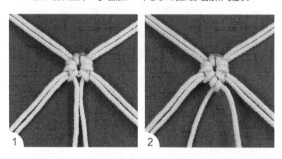

步骤1　线圈法起头，在轴线上编4个反云雀结。

步骤2　右侧的轴线作为编线，在左侧的轴线上编一个卷结。

步骤3~4　按逆时针方向，在轴线上依次编织卷结。每两条编线后用反云雀结添加一条新绳（图中蓝绳为新添加的绳子），完成一圈加绳。每一圈的加绳间隔不一定相同，只要当下编线的卷结没有位于上一圈卷结的正下方，就可以在空隙处加绳。恰当位置的加绳会让编织出来的圆形图案更加紧密平整。

补绳

　　编织过程中经常会遇到绳子长度不够的情况，我们可以利用绳结的结构，在补绳的同时将线头隐藏起来。下面介绍7种常用情况的补绳方法。

平结中一条编线不足

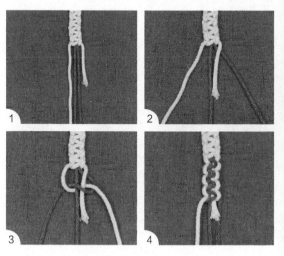

步骤1　平结编织过程中，其中一条编线不足。

步骤2　将轴线与短的编线互换位置，形成新的轴线和编线。

步骤3~4　用新的轴线与编线继续编织平结。

平结中两条编线不足

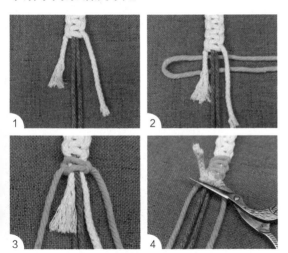

步骤1 平结编织过程中，两条编线都不足。

步骤2~3 用平结加绳的方式添加新的编线，将原来两条短编线作为轴线编进去。

步骤4 编织几个平结后，将原来的短编线拉至背面，剪掉。

平结中一条轴线不足

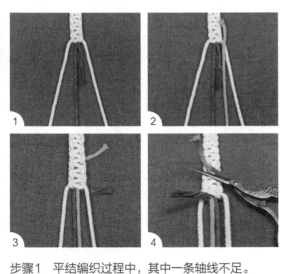

步骤1 平结编织过程中，其中一条轴线不足。

步骤2 将新轴线与原来的短轴线重叠在一起。

步骤3 继续编织平结，将新旧轴线都编进去。

步骤4 编织几个平结后，翻转到背面，涂胶水加固并剪掉新轴线的线头。

平结中两条轴线不足

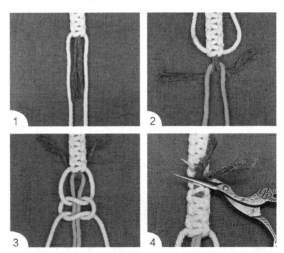

步骤1 平结编织过程中，两条轴线都不足。

步骤2 将两条短轴线分别向上弯折，将新的轴线对折后套在原来的轴线上。

步骤3 继续编织平结，将新旧轴线都编进去。

步骤4 编织几个平结后，翻转到背面，涂胶水加固并剪掉旧轴线的线头。平结补绳法也适用于旋转结。

卷结编线不足

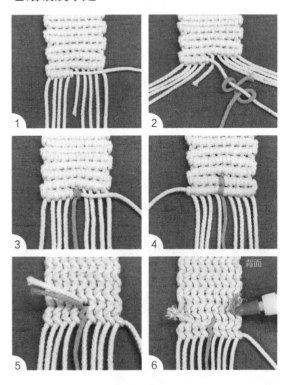

步骤1　编织过程中，卷结的编线不足。

步骤2~3　在短编线的编织位置，用卷结添加一条新的编线，其中一端短一些。

步骤4　用新编线代替旧编线，继续编织卷结。

步骤5~6　编织两排卷结后，翻转到背面，将新旧编线的线头隐藏到绳结里。涂抹胶水并剪掉新旧编线的线头。

卷结轴线不足

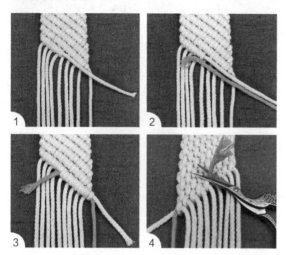

步骤1　卷结编织过程中轴线不足。

步骤2　添加一条新轴线，将新轴线与原来的短轴线重叠在一起。

步骤3　在新旧轴线上继续编织卷结。

步骤4　编织几个卷结后，翻转到背面，涂胶水加固并剪掉新轴线的线头。

留白处或流苏长度不齐

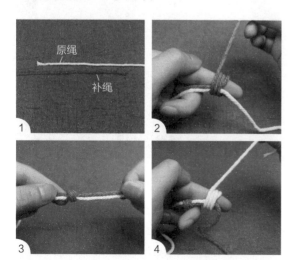

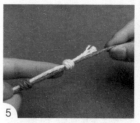
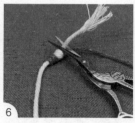

步骤1　白绳为原绳，灰绳为补绳。

步骤2~3　用灰绳编织秘鲁结，把白绳藏在秘鲁结内（见038页）。

步骤4~5　反过来，用白绳编织秘鲁结，把灰绳包在秘鲁结内。

步骤6　拉动两端，将两个秘鲁结连在一起，涂胶水并剪掉新旧线头。

收尾方法

在挂毯制作过程中，根据设计需要选择合适的收尾方式。下面分享几种收尾方法。

不修剪：佛系保留法，随性保留绳子末端。

修剪：平剪法、尖剪法、单结平剪法、阶梯修剪法、圆剪法。

聚拢：缠绕结聚拢法、秘鲁结聚拢法。

挂绳技法

挂毯编织完成后，最后一步是准备一条绳子将挂毯挂起来，最常用的一种方法是用秘鲁结固定挂绳。

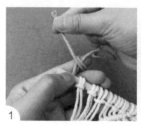

步骤1　在支撑杆两端或固定绳结内能保持平衡的两点编织秘鲁结，编的时候用短的一头进行缠绕。

步骤2　涂抹胶水并剪掉多余线头，挂绳制作完成。

第 4 章

纹样

平结纹样

No.1

No.2

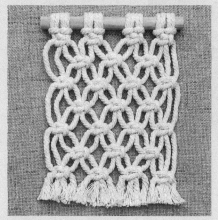

No.3

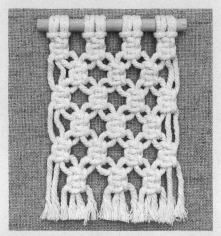

No.4

交错平结纹样

No.1　交错平结（8股）

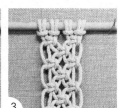

1　　　　2　　　　3

步骤1　将8股绳子分成左右各4股，各编一个平结。

步骤2　以中间的4股绳子为一组编织平结，与上面的两个平结交错排列。

步骤3　重复步骤1~2，编至所需的长度。

No.2　双色交错平结（6股）

参考No.1，将其中一条绳子换成彩色绳子即可。

No.3　交错单平结平面延展（16股）

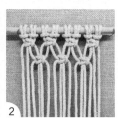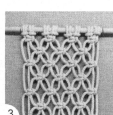

1　　　　2　　　　3

步骤1　每4股绳子为一组编织平结，共计编织4个平结。

步骤2　与上一排平结间隔一段距离，交错编织第二排平结，共计编织3个平结。

步骤3　间隔一段距离，重复步骤1~2，编至所需的长度。

No.4　交错双平结平面延展（16股）

参考No.3，连续编织2个平结并交错编织下一排。

No.5 平结千鸟格（24股）

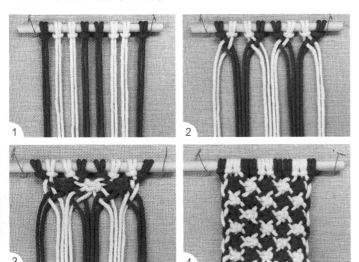

成品为24股绳，此处以16股为例进行示范。

步骤1　将彩色绳子与白色绳子如图交替排列，每4股为一组。

步骤2　将每组的4股绳子交错穿插。

步骤3　用相同颜色的4股绳子编织平结。

步骤4　重复步骤2~3，每组4股绳子交错穿插，编织平结，直至所需长度。

轴线转换

No.6　单平结轴线转换（4股）

步骤1　用4股绳子编织一个平结。

步骤2　将中间的绳子移到两侧作为新编线，两侧的绳子移到中间作为新轴线，相隔一段距离，编织一个平结。

步骤3　重复以上步骤，直至所需长度。

No.7　双平结轴线转换（4股）

参考No.6，在轴线转换前后连续编织2个平结。

No.8　三平结轴线转换（4股）

参考No.6，在轴线转换前后连续编织3个平结。

No.9　单平结轴线转换平面延展（16股）

参考No.3和No.6，每排交错平结之间转换轴线和编线。

No.5

No.6~No.8

No.9

No.10

No.11

平结四股辫纹样

No.10　平结四股辫A款（16股）

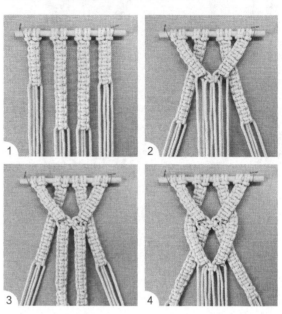

步骤1　每4股绳子为一组编织平结，中间两组编织12个平结，侧边两组编织6个平结。

步骤2　将两侧的平结移到中间，用最中间的4股绳子编一个平结，将两组连接在一起。

步骤3　中间两组各编12个平结。

步骤4　重复步骤2~3，直至所需长度。

No.11　双色平结四股辫A款（16股）

参考No.10，将彩色绳子放在中间位置编织平结。

No.12　平结四股辫B款（16股）

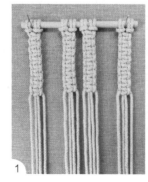

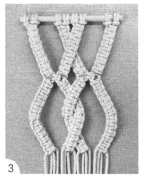 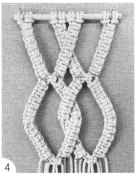

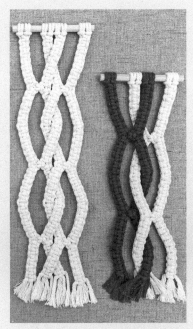

No.12～No.13

步骤1　每4股绳子为一组，各编织8个平结。

步骤2　用第一组和第三组、第二组和第四组中间的4股绳子各编一个平结，将两组连接起来。

步骤3　每组各编12个平结，并把中间两组交叉。

步骤4　用相邻两组中间的4股绳子编织平结，重复步骤3，直至所需长度。

No.13　双色平结四股辫B款（16股）

参考No.12，将彩色绳子放在第一组和第三组的位置。

花边平结纹样

No.14　花边平结A款（4股）

步骤1　4股绳子以平结开头，相隔同样距离编织平结。

步骤2　拉直轴线，将平结向上推出花边。

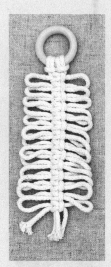

No.14

No.15　花边平结B款（4股）

步骤1　以平结开头，间隔距离一段短、一段长编织平结。

步骤2　拉直轴线，将平结向上推出花边。

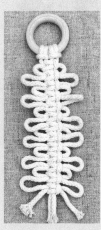

No.15

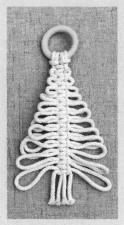

No.16

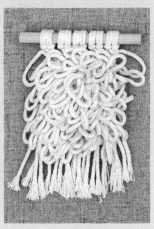

No.17

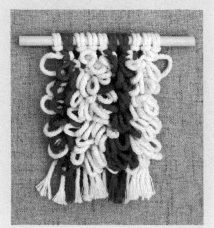

No.18

No.16　花边平结C款（4股）

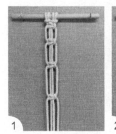 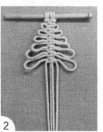

1　　　　　　2

步骤1　以平结开头，间隔距离由短到长编织平结。
步骤2　拉直轴线，将平结向上推，形成花边。

No.17　花边平结平面延展（20股）

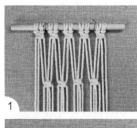 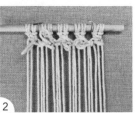

1　　　　　　2

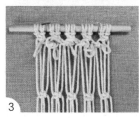 

3　　　　　　4

步骤1~2　每4股绳子为一组编织平结，间隔一段距离编织一排交错平结，向上推动交错平结，形成花边。
步骤3~4　间隔相同距离编织交错平结，并推出花边，直至所需长度。

No.18　双色花边平结平面延展（20股）

参考No.17，将彩色绳子放在任意位置编织平结。

平结鱼骨纹样

No.19　平结鱼骨（8股）

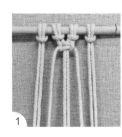 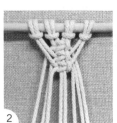 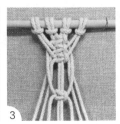

1　　　　2　　　　3

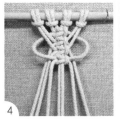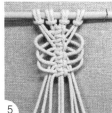

步骤1　中间的2股绳子为轴线，其余均为编线。先用轴线两侧的第一组编线编织一个平结。

步骤2　用紧邻的第二组、第三组编线依次编织平结。

步骤3~4　间隔一段距离，用第一组编线继续编织平结，向上推动平结，形成花边。

步骤5　第二组、第三组编线间隔相同距离重复步骤3~4。继续编织直至所需长度。

No.20　双色平结鱼骨（10股）

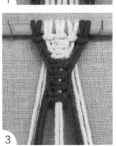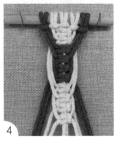

步骤1　将彩色绳子放在两侧。

步骤2　最中间的2股绳子为轴线，其余均为编线，从内向外依次在轴线上编织平结。

步骤3　用最下方平结的两条编线继续往下编织平结。

步骤4　依次用从下往上排列的平结的编线编织平结，重复编织至所需长度。

No.21　平结鱼骨加木珠（8股）

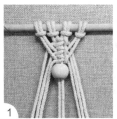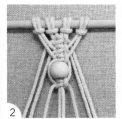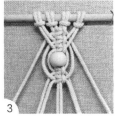

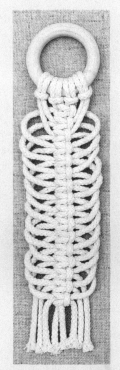

No.19

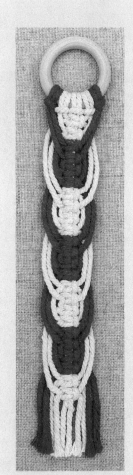

No.20

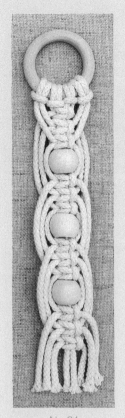

No.21

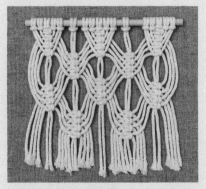

No.22

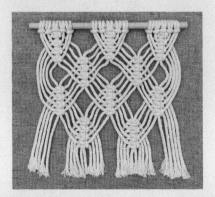

No.23

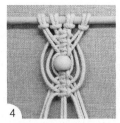 

步骤1 中间的2股绳子为轴线，其余均为编线，从内向外依次在轴线上编织平结，并在轴线上穿入木珠。

步骤2~4 依次取木珠上方从下往上排列的平结的编线，在木珠下方编织平结。

步骤5 重复编织至所需长度。

平结网状纹样

No.22 平结网状A款（34股）

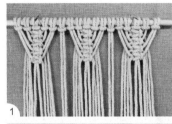 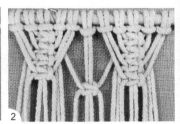

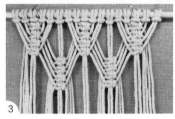

步骤1 每10股绳子为一组，中间2股为轴线，其余均为编线，从内向外依次在轴线上编织平结。另外在每组绳子中间增加2股绳子作为步骤2的轴线。

步骤2 从相邻两组的第一个平结各取一股编线，在新增的轴线上编织平结。

步骤3 依次取相邻两组的编线在新轴线上编平结。重复编织，直至所需长度。注意网状纹样不建议编太长，因为网状结构不能承重，承重后会变形，并且两侧会往里凹陷。

No.23 平结网状B款（30股）

 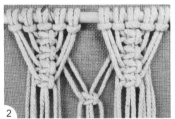

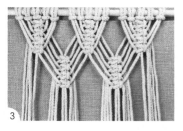

步骤1　10股绳子为一组，中间2股为轴线，其余均为编线，从内向外依次在轴线上编织平结。

步骤2　从相邻两组的第一个平结各取一股绳子作为新轴线，从第二个平结各取一股绳子作为编线编织平结。

步骤3　依次取相邻两组的编线在新轴线上编平结。重复编织，直至所需长度。

No.24　平结网状C款（30股）

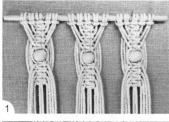
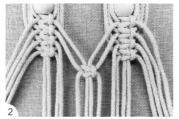
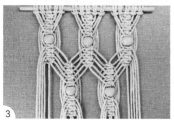

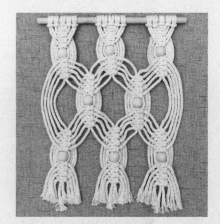

No.24

步骤1　10股绳子为一组，中间2股为轴线，从内向外依次在轴线上编织平结，并在轴线上穿入木珠。然后依次取木珠上方平结的编线继续编织平结。

步骤2　从相邻两组木珠下第一个平结各取一股绳子作为新轴线，从第二个平结各取一股绳子作为编线编织平结。

步骤3　依次取木珠下的编线在新轴线上编平结，并穿入木珠。重复编织，直至所需长度。

No.25　平结网状D款（30股）

参考No.24，除了不用穿木珠外，其他编织步骤相同。

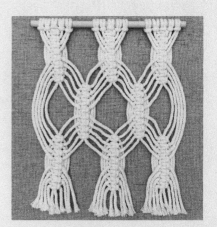

No.25

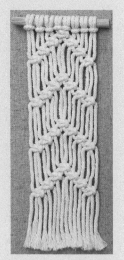

No.26

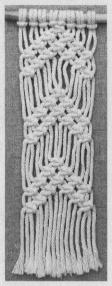

No.27

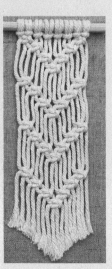

No.28

平结箭头纹样

No.26　单层平结向上箭头（16股）

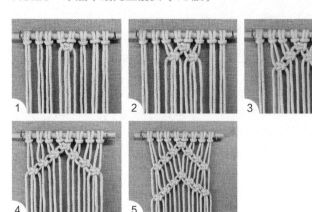

步骤1　第一排：用中间的4股绳子编一个平结。

步骤2　第二排：用从左往右数第5~8、9~12股绳子各编一个平结。

步骤3　第三排：用从左往右数第3~6、11~14股绳子各编一个平结。

步骤4　第四排：用两侧的4股绳子各编一个平结，完成第一个向上箭头。

步骤5　距离第一个箭头一段距离，重复步骤1~4编织第二个箭头，注意对应平结之间要保持相同的间距。

No.27　双层平结向上箭头（16股）

参考No.26，紧贴第一层箭头，编织第二层箭头。

No.28　单层平结向下箭头（16股）

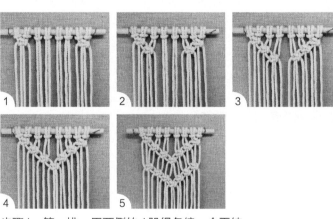

步骤1　第一排：用两侧的4股绳各编一个平结。

步骤2　第二排：用从左往右数第3~6、11~14股绳子各编一个平结。

步骤3　第三排：用从左往右数第5~8、9~12股绳子各编一个平结。

步骤4 第四排：用中间的4股绳子编一个平结，完成第一个向下箭头。

步骤5 距离第一个箭头一段距离，重复步骤1~4编织第二个箭头，注意对应平结之间要保持相同的间距。

No.29 双层平结向下箭头（16股）

参考No.28，紧贴第一层箭头，编织第二层箭头。

No.30 双层平结向下组合箭头（40股）

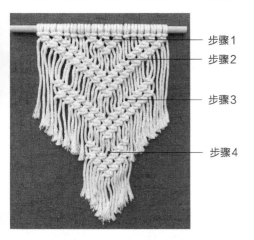

步骤1 ——
步骤2 ——
步骤3 ——
步骤4 ——

步骤1 用中间的12股绳子编织一个倒三角形。

步骤2 间隔一段距离，用40股绳子编织一个双层向下箭头。

步骤3 间隔一段距离，用中间的32股绳子编织一个双层向下箭头。

步骤4 间隔一段距离，用中间的16股绳子编织一个双层向下箭头。

平结三角形纹样

No.31 平结正三角形（16股）

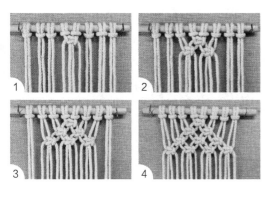

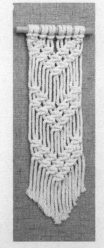

No.29

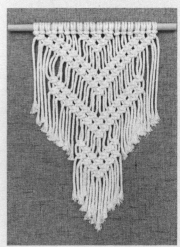

No.30

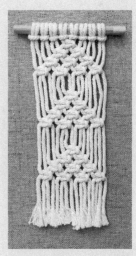

No.31

步骤1　第一排：用中间的4股绳子编一个平结。

步骤2　第二排：用从左往右数第5~8、9~12股绳子各编一个平结。

步骤3　第三排：用从左往右数第3~6、7~10、11~14股绳子各编一个平结。

步骤4　第四排：每4股绳子各编一个平结，完成一个正三角形。

No.32　平结倒三角形（16股）

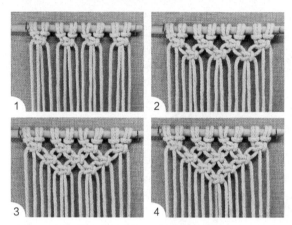

步骤1　第一排：每4股绳子各编一个平结。

步骤2　第二排：用从左往右数第3~6、7~10、11~14股绳子各编一个平结。

步骤3　第三排：用从左往右数第5~8、9~12股绳子各编一个平结。

步骤4　第四排：用中间的4股绳子编一个平结，完成一个倒三角形。

No.33　平结三角形组合A款（24股）

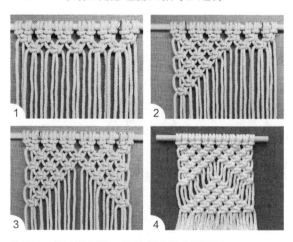

步骤1　每4股绳子一组编织2排交错平结。

步骤2　24股绳子分为左右两部分，左侧部分按照3个、2个、2个、1个、1个的顺序编织交错平结，每一排都比上一排递减2股绳子，形成直角三角形。

步骤3　右侧部分重复步骤2，也得到一个直角三角形。

步骤4　间隔一段距离，编织正三角形。

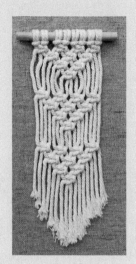

No.32

No.33

No.34　平结三角形组合B款（24股）

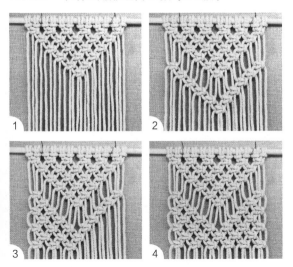

步骤1　用24股绳子编织一个倒三角形。
步骤2　间隔一段距离，编织向下箭头纹样。
步骤3　在左侧箭头下按照1个、1个、2个、2个、3个的顺序编织交错平结，每一排都比上一排递增2股绳子，形成直角三角形。
步骤4　右侧箭头下重复步骤3，也得到一个直角三角形。

平结菱形纹样

实心菱形纹样

No.35　平结实心菱形（20股）

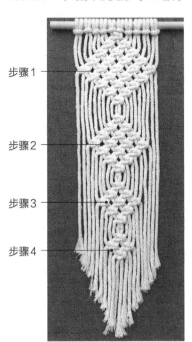

步骤1　用20股绳子编织9排交错平结，形成菱形。
步骤2　用中间的16股绳子编织7排交错平结，形成菱形。
步骤3　用中间的12股绳子编织5排交错平结，形成菱形。
步骤4　用中间的8股绳子编织3排交错平结，形成菱形。

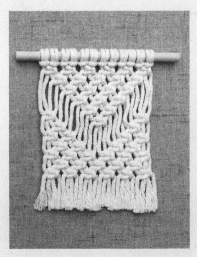

No.34

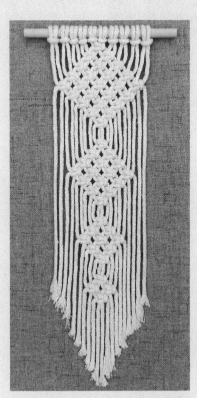

No.35

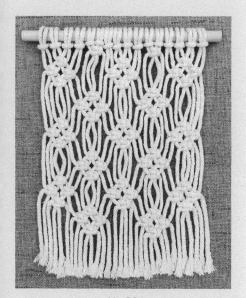

No.36

No.37

No.38

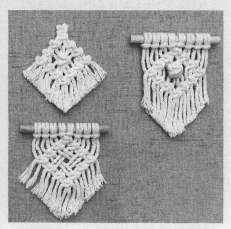

No.39~No.41

No.36　交错平结菱形（32股）

参考No.35，将八股平结菱形交错排列。

空心菱形纹样

No.37　平结空心菱形（16股）

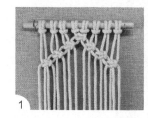

步骤1　用16股绳子编织一个向上箭头纹样。

步骤2　用中间的12股绳子编织向下箭头，形成空心菱形。

No.38　双平结空心菱形（12股）

参考No.37，将单平结变成双平结即可。

菱形内嵌纹样

No.39　平结菱形内嵌A款 （加绳16股）

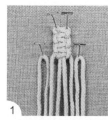
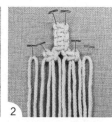
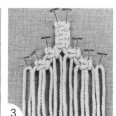
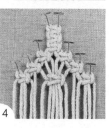
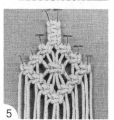

步骤1~3　编3个平结起头，用两侧斜向加绳的技法在每侧各加3条绳子。

步骤4　用中间的6股绳子编一个平结，最中间的4股为轴线。

步骤5　用中间的12股绳子编织向下箭头，使菱形闭合。

No.40　平结菱形内嵌B款（16股）

参考No.37，用菱形内8股绳子做双线穿插纺织。

No.41　平结菱形内嵌C款（16股）

参考No.37，用菱形中间的4股绳子编织虾球结。

No.42　平结菱形内嵌D款（20股）

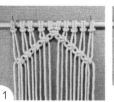 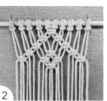 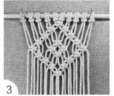

步骤1　用20股绳子编织一个向上箭头。

步骤2　用中间的8股绳子编织小菱形，小菱形的顶点与箭头第四排平结对齐。

步骤3　编织向下箭头，使菱形闭合。

No.43　双平结菱形内嵌A款（16股）

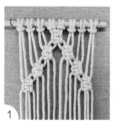 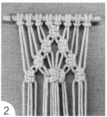 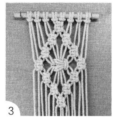

步骤1　用16股绳子编织一个双平结向上箭头。

步骤2　用中间的8股绳子编织一个大平结，中间4股为轴线，两侧各2股编线。

步骤3　编织双平结向下箭头，使菱形闭合。

No.44　双平结菱形内嵌B款（16股）

参考No.43，用菱形中间的4股绳子编织一段旋转结。

No.45　平结双层菱形（24股）

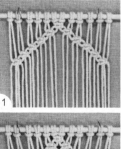 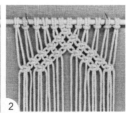
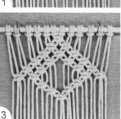 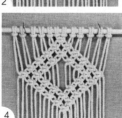

步骤1　用24股绳子编织向上箭头。

步骤2　用中间的16股绳子紧贴第一层箭头编织第二层箭头。

步骤3　编织第二层箭头对应的向下箭头，完成内部的小菱形。

步骤4　紧贴第一层向下箭头编织第二层向下箭头，完成外部的大菱形。

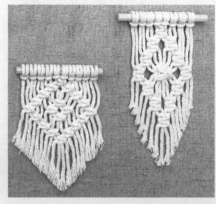

No.42~No.43

No.44

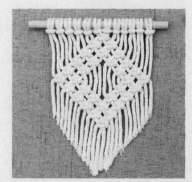

No.45

No.46

No.47

内嵌菱形纹样

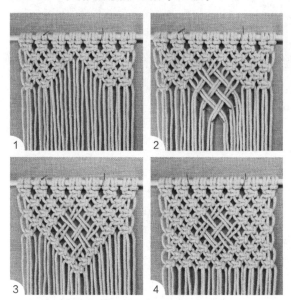

步骤1　参考No.33，编织如图纹样。

步骤2　用菱形内的12股绳子做双线穿插纺织，并用珠针固定。

步骤3　用中间的16股绳子编织向下箭头。

步骤4　将箭头两侧的空白区域用交错平结填满。

No.47　平结内嵌菱形B款（32股）

参考No.19和No.46，用菱形中间的20股绳子编织鱼骨纹样。

No.48　平结组合菱形（32股）

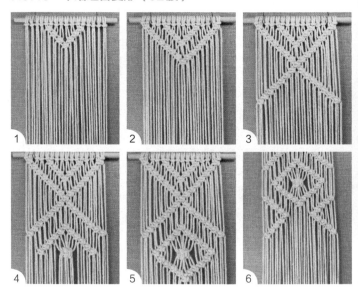

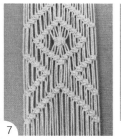 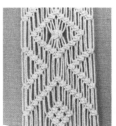 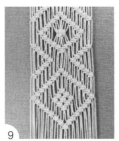

步骤1　用中间的16股绳子编织向下箭头。

步骤2　距离第一个箭头一段距离，用所有的绳子编织向下箭头。

步骤3　以箭头的最低点作为顶点，用所有的绳子编织向上箭头。

步骤4　距离向上箭头一段距离，用中间的24股绳子编织向上箭头作为菱形的上半部分，并用菱形内的8股绳子编织一个大平结。

步骤5　编织向下箭头作为菱形的下半部分。

步骤6　距离菱形一段距离，从两侧起头各编织半个菱形，中间的8股绳子不用编。

步骤7　用所有的绳子编织向上箭头，作为大菱形的上半部分。

步骤8　用中间的12股绳子编织实心菱形。

步骤9　编织向下箭头，完成大菱形的下半部分。

步骤10　距离大菱形一段距离，编织向下箭头。

平结穿插纺织纹样

No.49　平结穿插纺织（24股）

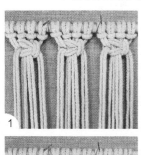 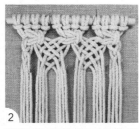

 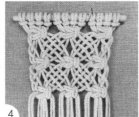

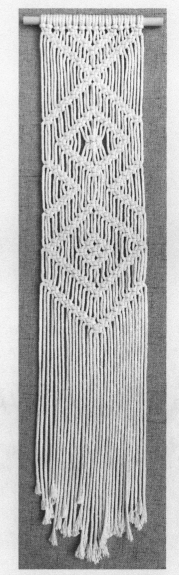

No.48

No.49

步骤1 8股绳子为一组编织大平结，中间4股为轴线，两侧2股为编线。

步骤2 相邻平结之间的8股绳子做单线穿插纺织，两侧4股绳子各编一段四股辫。

步骤3 8股绳子为一组编织一个大平结。

步骤4 重复步骤2~3，直到所需的长度。

平结组合纹样

No.50 菱形波浪纹样（48股）

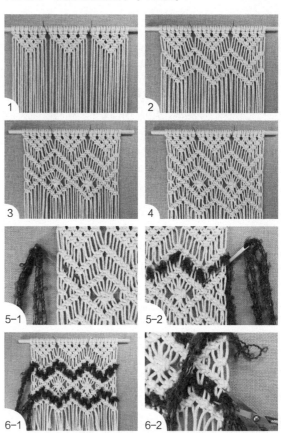

No.50

步骤1 参考No.32，每16股绳子为一组编织倒三角形。

步骤2 平行于三角形两边，编织3组向下箭头，连成波浪形，一共编两条波浪。

步骤3 用第二条波浪作为菱形的上半部分，用菱形中间的8股绳子编织大平结，两侧半菱形用4股绳子编织平结，然后编织3组对应的向上箭头，闭合菱形。

步骤4 平行于步骤3，再编织3组向上箭头，连成波浪形。

步骤5 取一段特色线（长度为挂毯宽度的两倍多一点），用大孔针以挑2压2的顺序穿过两层向下箭头之间。往回穿插时，大孔针仍以挑2压2的顺序穿过。穿完后将线挑起一点，让特色线呈现出凹凸感。

步骤6 将特色线穿过两层向上箭头之间。翻转到背面打结，涂抹胶水并剪掉线头。

No.51 斜条纹纹样（28股）

参考箭头纹样的侧边，编织如图所示的图案纹样。

No.52 六角形纹样（48股）

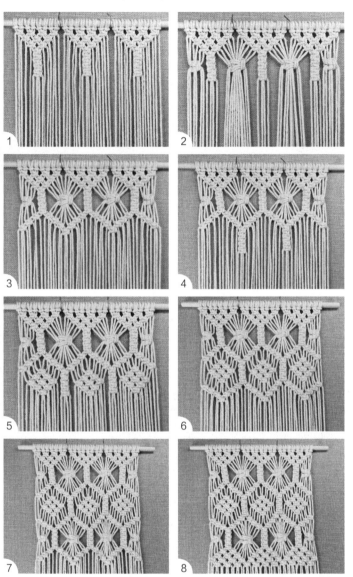

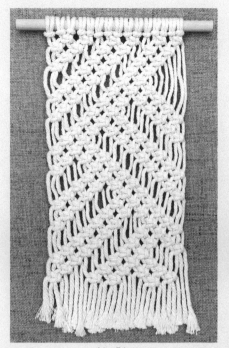

No.51

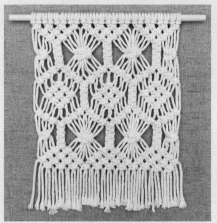

No.52

步骤1　每16股绳子为一组，编织倒三角形。在每个倒三角形顶点下编织4个平结。

步骤2　用相邻两组平结绳之间的12股绳子编织大平结，两侧用6股绳子编织平结。

步骤3　以平结绳为顶点，编织3组向上箭头，连成六边形纹样。

步骤4　在连接两个向上箭头的平结下编织4个平结。

步骤5　在平结绳两侧用12股绳子编织实心菱形。

步骤6　编织3组向下箭头，连成六边形纹样。

步骤7　重复步骤2~4，再编一层六边形纹样。

步骤8　将箭头的空白处填满，形成3个三角形。

平结虾球结纹样

No.53　虾球结倒三角形（16股）

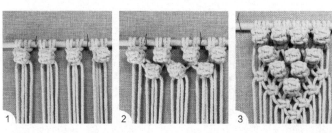

步骤1　4股一组各编织4个平结，制作4个虾球结，并用平结固定虾球结。

步骤2　交错编织3个虾球结。

步骤3　交错编织2个和1个虾球结，形成倒三角形。在虾球结下方编织一个向下箭头。

旋转结纹样

No.54　旋转结倒三角形（16股）

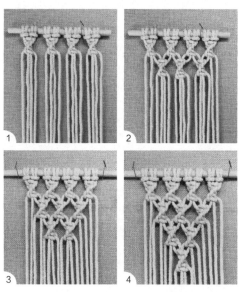

成品为24股绳，此处以16股为例进行示范。

步骤1　4股一组各编织5个旋转结，一排共4组旋转结。

步骤2~4　向下交错编织3组、2组、1组旋转结，形成倒三角形。

No.55　内嵌旋转结菱形（28股）

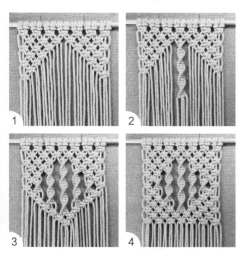

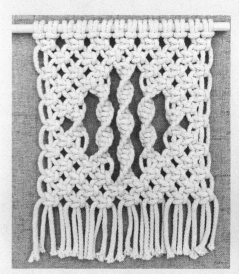

No.55

步骤1　参考No.33，两侧各编一个直角三角形。

步骤2　用中间的4股绳子编一段旋转结，长度大约到菱形的下顶点。

步骤3　在中间旋转结的两侧各编2条旋转结，长度大约到菱形下半部分的边上。在旋转结下方编织向下箭头，形成闭合的菱形。

步骤4　将箭头下方的空白处填满，形成2个直角三角形。

8字结纹样

No.56　8字结组合纹样（4股）

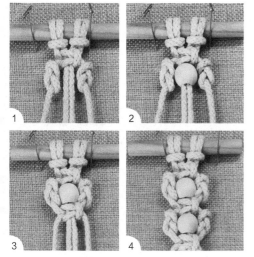

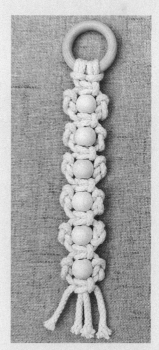

No.56

步骤1　4股绳子编一个平结。用两侧的编线各编一个8字结（见039页）。

步骤2　在轴线上穿入木珠。

步骤3　在木珠下编一个平结固定木珠。

步骤4　重复步骤2~3，直至所需长度。

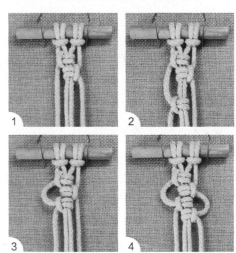

No.57

梭织结纹样

No.57　竖条状梭织结（4股）

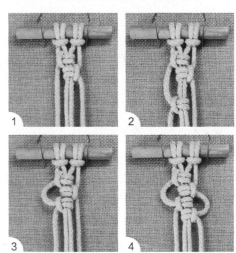

步骤1　中间2股绳子为轴线，用两侧编线各编一个竖向梭织结（见032页）。

步骤2~3　相隔一段距离，用左侧编线编一个梭织结，并向上推出花边。

步骤4　再相隔同样距离，用右侧编线编一个梭织结，并向上推出花边。重复以上步骤，直至所需长度。

No.58　梭织结组合纹样（6股）

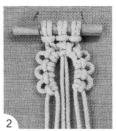

步骤1　用中间的4股绳子编一个平结。用左侧的2股绳子连续编织4个花边梭织结。

步骤2　用右侧的2股绳子连续编织4个花边梭织结。

步骤3　将木珠穿入中间的2股轴线，并编织2个平结。重复以上步骤，直至所需长度。

No.58

卷结纹样

横卷结 / 纵卷结纹样

No.59　横卷结波浪（4股）

步骤1~2　每排最左侧绳子向右弯折作为轴线，编织4排横卷结。
步骤3　将第4排的轴线转换方向，将每排最右侧绳子作为轴线，编织4排横卷结。重复操作，直至所需长度。

No.60　双色组合卷结（10股）

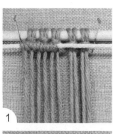 
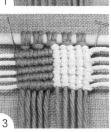 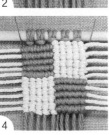

步骤1　在10股绿绳上横放一股白绳。将白绳作为轴线，用左侧的5股绿绳编织横卷结。
步骤2　将白绳作为编线，在右侧的5股绿绳上编织纵卷结。
步骤3　另加4股白绳，重复步骤1~2，形成绿色和白色色块。
步骤4　再横加5股白绳，左侧5股绿绳编纵卷结，右侧5股绿绳编横卷结，形成白色和绿色色块。

No.59

No.60

No.61

No.62

斜卷结纹样

竖条状斜卷结纹样

No.61　竖条状斜卷结（6股）

1

2

3

步骤1　最右侧的绳子向左下弯折作为轴线，其余5条绳子作为编织线编织斜卷结。

步骤2　最右侧的绳子为轴线，紧贴第一排编织斜卷结。

步骤3　重复以上操作至所需长度，每排斜卷结都要紧贴上一排。

No.62　双色竖条状斜卷结（6股）

1

2

步骤1　将彩绳放在最右侧，将最左侧的绳子向右下弯折作为轴线编织斜卷结。

步骤2　每排最左侧的绳子为轴线，紧贴上一排编织斜卷结。彩色纹路走向与斜卷结方向相反。

No.63　斜卷结拼接三角形（6股）

1

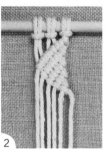
2

3　　　　4

步骤1　最右侧绳子向左下弯折作为轴线，其余5条绳子在轴线上编5个斜卷结。

步骤2　将每排最右侧绳子作为轴线，但从第二排开始每排依次少编一个斜卷结，共编织5排。

步骤3　最左侧绳子向右下弯折作为轴线，其余5条绳子在轴线上编5个斜卷结。

步骤4　将每排最左侧绳子作为轴线，但从第二排开始每排依次少编一个斜卷结，共编织5排。重复以上操作至所需长度。

No.63

No.64　斜卷结立体螺旋（8股）

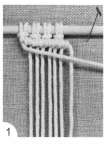

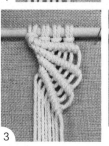
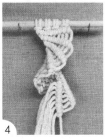

1　　　　2

3　　　　4

步骤1　最左侧绳子向右弯折作为轴线，编织7个横卷结。

步骤2　最左侧绳子向右下弯折，与上一排保持一个间隔角度编织7个斜卷结。

步骤3　重复步骤2，注意每一排轴线的走向。

步骤4　编织过程中纹样会自动卷成螺旋状。

No.64

No.65~No.66

No.67~No.68

No.69~No.70

斜卷结箭头纹样

No.65　斜卷结向上箭头（6股）

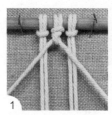

步骤1　用中间的2股绳子编一个反卷结（见036页）作为箭头的顶点，并将这2股绳子作为轴线。

步骤2　在左右轴线上各编2个斜卷结，完成一个向上箭头。

步骤3　重复步骤1~2，继续编织向上箭头，直至所需长度，注意每一排斜卷结都要紧贴上一排。

No.66　斜卷结向下箭头（12股）

参考No.65，从两侧向中间编织斜卷结，形成向下箭头。

No.67　斜卷结加绳箭头（加绳12股）

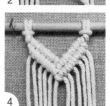

步骤1　初始绳子为4股，以最左侧绳子为轴线，向右编1个卷结。

步骤2　运用斜结卷加绳法（见046页），在左侧轴线上增加4股绳子。

步骤3　右侧同理，增加4股绳子。两轴线相遇时，编织反卷结，形成向下箭头。

步骤4　重复以上操作直至所需长度，注意每一排斜卷结都要紧贴上一排。

No.68　双色斜卷结加绳箭头（加绳12股）

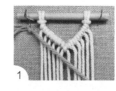

3

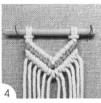
4

步骤1　参考No.67加绳编一个向下箭头，并准备2条彩绳。

步骤2　用彩绳在左侧编一排反卷结。

步骤3　右侧也编织一排反卷结，形成向下箭头，并剪掉线头。

步骤4　将左侧与右侧的白绳作为轴线，编织斜卷结向下箭头。

No.69　双色斜卷结向上箭头（8股）

参考No.65，绿绳放中间，白绳放两侧，编斜卷结向上箭头，得到视觉效果为白绿相间的向下箭头。

No.70　双色斜卷结向下箭头（8股）

参考No.66，白绳放中间，绿绳放两侧，编斜卷结向下箭头，得到视觉效果为白绿相间的向上箭头。

No.71　斜卷结三层向下箭头平面延展（30股）

参考No.66，10股一组交错编织三层向下箭头，至所需长度。

No.72　斜卷结组合箭头A款（20股）

如图所示，先用中间的16股绳子编织平结倒三角形，然后编织2排斜卷结向下箭头。

No.73　斜卷结组合箭头B款（20股）

如图所示，编织斜卷结向下箭头，紧贴斜卷结箭头编织平结向下箭头，再编织斜卷结向下箭头，形成组合箭头纹样。

No.74　斜卷结组合箭头C款（16股）

如图所示，用中间的8股绳子交错编织3个虾球结，形成倒三角形。然后编织3排斜卷结向下箭头。

No.75　斜卷结组合箭头D款（16股）

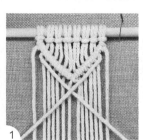
1

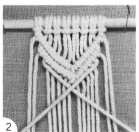
2

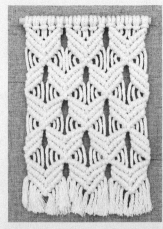
No.71

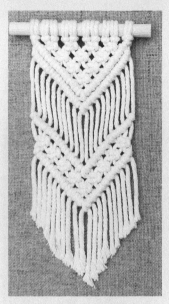
No.72~No.73

No.74~No.75

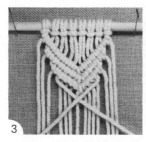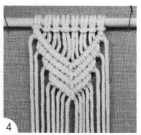

步骤1　用所有的绳子编一个斜卷结向下箭头。

步骤2　左右两侧分别跳过1股绳子，将第2股作为轴线编织向下箭头。

步骤3　左右两侧分别跳过2股绳子，将第3股作为轴线编织向下箭头。

步骤4　左右两侧分别跳过3股绳子，将第4股作为轴线编织向下箭头，每一排斜卷结都要紧贴上一排。

No.76　斜卷结组合箭头E款（28股）

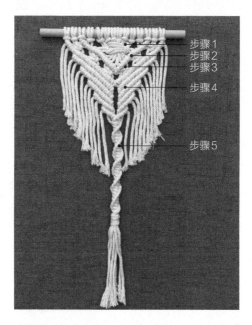

步骤1　用中间的12股绳子编织一个大平结，轴线8股，两侧编线各2股。

步骤2　分别将左右两侧的第5股绳子作为轴线，编织斜卷结向下箭头。

步骤3　用从左往右数第3~6、7~10、11~14股绳子紧贴着箭头分别编平结，右侧同理。

步骤4　参考No.75，逐排递减两条编线，编织向下箭头。共编织6排，其中第2~6排中间的轴线不编反卷结。

步骤5　用中间的6股绳子编织旋转结，结尾处用缠绕结收口。

No.76

交叉斜卷结纹样

No.77　交叉斜卷结（8股）

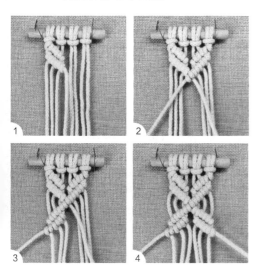

步骤1　以左侧绳子为轴线，用左侧4股绳子编2排斜卷结。

步骤2　用右侧4股绳子编2排斜卷结。第二排轴线相遇时，以右侧绳子为轴线编一个斜卷结，轴线延伸方向为左侧。

步骤3　以中间的绳子为轴线，用左侧4股绳子编2排斜卷结，第一排斜卷结为步骤2斜卷结的延伸。

步骤4　用右侧4股绳子编2排斜卷结，完成一个交叉斜卷结。

No.78　双色交叉斜卷结（10股）

参考No.77，将彩绳排列在两侧，可得到交叉点为彩色的纹样。

No.79　交叉斜卷结平面延展A款（24股）

参考No.77，每8股绳子为一组重复编织交叉斜卷结。

No.80　交叉斜卷结平面延展B款（32股）

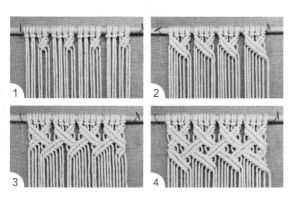

步骤1　每8股绳子为一组，以最右侧绳子为轴线编织2排斜卷结，第一排3个，第二排2个。

步骤2　以最左侧绳子为轴线往右下编织2排斜卷结，第一排7

No.77~No.78

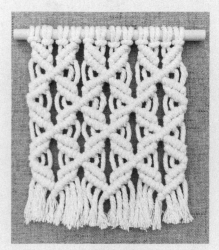

No.79

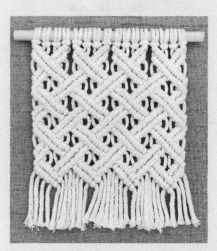

No.80

No.81

No.82

个，第二排6个。

步骤3　将每组的第3、4股绳子和第四组的第7、8股绳子分别作为轴线，往左下编织两排斜卷结。

步骤4　重复步骤2~3，直至所需长度。

No.81　交叉斜卷结平面延展C款（36股）

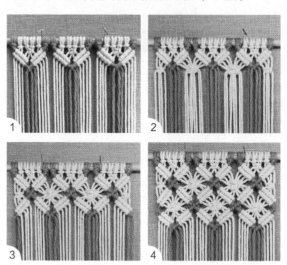

步骤1　每12股绳子为一组，用每组中间的4股编一个平结。每组由两侧向中间编织2排斜卷结，相交处编反卷结。

步骤2　用两组之间的8股绳子编一个大平结，左右两侧用4股绳子编平结。

步骤3　参考No.77，每组完成交叉斜卷结纹样。

步骤4　用每组中间的8股绳子编一个大平结。重复操作，直至所需长度。

No.82　双色斜卷结贝壳花（16股）

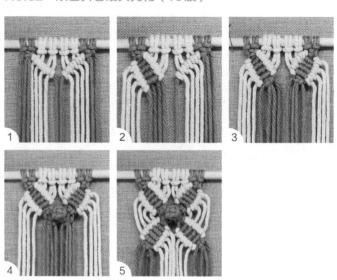

步骤1　8股绿绳分置于两侧，各编一个平结。以左右两侧第4股绿绳为轴线，分别向内编4个斜卷结。

步骤2　以4股白绳为轴线，第2、3股绿绳为编线，编织4排纵卷结。然后以最左侧绿绳为轴线，4股白绳为编线，编4个斜卷结。

步骤3　右侧重复同样的操作，两侧用绿绳各编一个平结。

步骤4　用中间4股绿绳编一个虾球结，再用8股绿绳编2个平结。

步骤5　两侧均重复步骤1~3，注意方向相反，完成一个贝壳花纹样。

No.83　斜卷结贝壳花（16股）

参考No.82，以左右两侧4股绳子为轴线编织斜卷结，中间8股绳子编织大平结。

No.84　斜卷结贝壳花平面延展（48股）

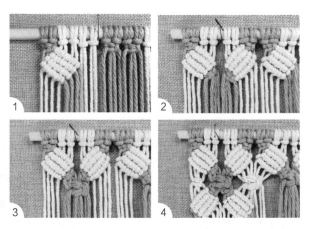

步骤1　每16股绳子一组，用每组两侧的4股绿绳各编一个平结。以每组左侧4股绿绳为轴线，向内编4排斜卷结。

步骤2　每组右侧重复同样的操作。两侧4股绿绳各编一个平结。

步骤3　用8股绿绳编一个大平结，中间4股为轴线。

步骤4　两侧4股绿绳再各编一个平结。在每组之间用8股白绳编织大平结，每组两侧以4股绿绳为轴线，4股白绳为编线编织斜卷结。重复操作，直至所需长度。

斜卷结波浪纹样

No.85　斜卷结波浪A款（6股）

No.83

No.84

No.85

No.86~No.87

No.88

No.89

步骤1　左侧绳子作为轴线，向右下编5个斜卷结。

步骤2　同一条轴线向左下转，编5个斜卷结。

步骤3　用同一条轴线重复步骤1~2，直至所需长度。

No.86　斜卷结波浪B款（6股）

参考No.85，将右侧绳子作为起始轴线编织斜卷结。

No.87　双层双色斜卷结波浪（6股）

步骤1　用右侧绿绳作为起始轴线，编2排斜卷结。

步骤2　将上一排的轴线向右转，编2排斜卷结。重复以上步骤，直至所需长度。

No.88　斜卷结波浪穿插纺织纹样（10股）

用相对的2条斜卷结波浪之间的绳子做双线穿插纺织。

No.89　斜卷结多重波浪（14股）

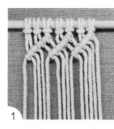
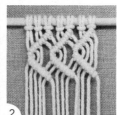
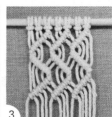

步骤1　将从左往右数第6、10、14股绳子分别作为轴线，往左下编5个斜卷结。

步骤2　将步骤1的轴线向右弯折，分别编5个斜卷结。

步骤3　重复以上步骤，直至所需长度。

No.90　斜卷结波浪组合纹样A款（24股）

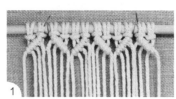

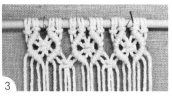 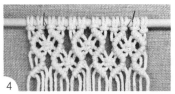

步骤1　每8股绳子为一组，将每组的第4、5股绳子作为轴线，分别向两侧编3个斜卷结。

步骤2　在每组内用4股绳子编一个平结。

步骤3　将每组的第1、8股绳子作为轴线，分别向内侧编3个斜卷结。两组之间用4股绳子编一个平结。

步骤4　重复步骤1~3，直至所需长度。

No.91　斜卷结波浪组合纹样B款（36股）

参考No.90，每12股绳子为一组编织斜卷结，斜卷结波浪之间用8股绳子编织平结菱形。

斜卷结菱形纹样

No.92　双色斜卷结菱形（6股）

步骤1　以中间的绿绳为轴线编斜卷结向上箭头。

步骤2　以两侧绿绳为轴线编斜卷结向下箭头，组成一个菱形。

步骤3　重复以上步骤，直至所需长度。

No.93　斜卷结菱形平面延展A款（24股）

 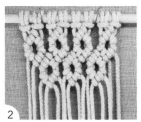

步骤1　每4股绳子为一组编织菱形。

步骤2　用相邻菱形之间的4股绳子编织菱形，形成交错纹样。重复以上操作，直至所需长度。

No.90

No.91

No.92　　　　No.93

No.94

No.95

No.96~No.97

No.94　斜卷结菱形平面延展B款（48股）

参考No.93，16股绳子为一组编织菱形，注意菱形交点处斜卷结方向要一致。

No.95　部分延长斜卷结菱形（6股）

步骤1　用左侧4股绳子编织波浪纹样。

步骤2　右侧编波浪纹样时，轴线一直延伸到最左侧。

步骤3　如图所示将最右侧绳子作为轴线编织波浪纹样。

步骤4　重复步骤2完成一个完整的纹样。重复以上步骤，直至所需长度。

No.96　斜卷结菱形内嵌A款（8股）

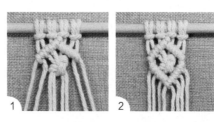

步骤1　用斜卷结编向上箭头。用中间的4股绳子编织双线左右结。

步骤2　用斜卷结编向下箭头，组成一个菱形。重复以上步骤，直至所需长度。

No.97　斜卷结菱形内嵌B款（8股）

参考No.96，用菱形中间的4股绳子编虾球结。

No.98　斜卷结菱形内嵌C款（12股）

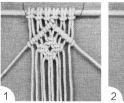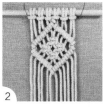

1　2

步骤1　用斜卷结编向上箭头。用中间的8股绳子编织平结菱形。

步骤2　用斜卷结编向下箭头，闭合菱形。

No.99　斜卷结菱形内嵌D款（12股）

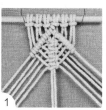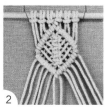

1　2

步骤1　用斜卷结编向上箭头。用中间的10股绳子编织平结鱼骨纹样。

步骤2　用斜卷结编向下箭头，闭合菱形。

No.100　斜卷结菱形内嵌E款（12股）

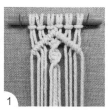

1　2

步骤1　用斜卷结编向上箭头。用中间的4股绳子编织一段旋转结。

步骤2　用斜卷结编向下箭头，闭合菱形。

No.101　斜卷结菱形内嵌F款（12股）

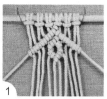

1　2

步骤1　用斜卷结编向上箭头。用中间的4股绳子编织一个斜卷结菱形。

步骤2　用斜卷结编向下箭头，闭合菱形。

No.98

No.99

No.100

No.101

No.102

No.103

No.104

No.102 斜卷结菱形内嵌G款（12股）

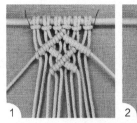 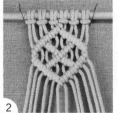

步骤1 用斜卷结编向上箭头。用中间的6股绳子编织交叉斜卷结。
步骤2 用斜卷结编向下箭头，闭合菱形。

No.103 斜卷结菱形内嵌H款（12股）

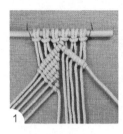 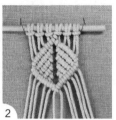

步骤1 用斜卷结编向上箭头。用中间的10股绳子编织左右2个斜卷结三角形。
步骤2 用斜卷结编向下箭头，闭合菱形。

No.104 斜卷结菱形穿插纹样（12股）

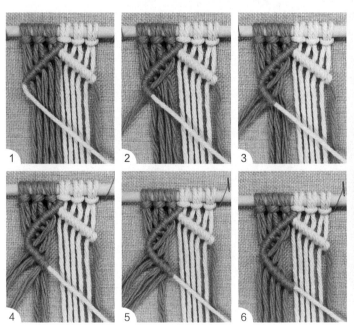

7

步骤1　用斜卷结编向上箭头。

步骤2~6　左侧绿绳按照从内向外的顺序依次在左侧轴线（白绳）上编斜卷结，共编织5个。

步骤7　右侧重复同样的操作，闭合菱形。编织过程中注意力度均匀，保持好菱形的结构。

No.105　斜卷结菱形单线穿插（12股）

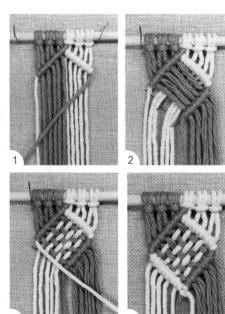

1

2

3

4

No.105

步骤1　用斜卷结编向上箭头。

步骤2　左侧绿绳按照从内向外的顺序依次在右侧轴线（绿绳）上编斜卷结。

步骤3　右侧白绳依次纺织穿插过绿绳。

步骤4　用白绳在白色轴线上编斜卷结，两轴线相遇时编一个与起始斜卷结同方向的斜卷结，闭合菱形。

No.106

No.106　斜卷结菱形组合 A 款（20 股）

步骤1
步骤2
步骤3
步骤4
步骤5

步骤1　用平结在两侧编倒直角三角形。

步骤2　用中间14股绳子编织斜卷结向上箭头，作为菱形的上半部分。

步骤3　用菱形中间的12股绳子做三线穿插纺织。

步骤4　从两侧向中间编斜卷结向下箭头，闭合菱形。

步骤5　用平结在两侧编直角三角形，制作完成。

No.107　斜卷结菱形组合 B 款（30 股）

参考No.94，编织相互交叉的内嵌大平结的斜卷结菱形，相邻菱形下面编织大平结。

No.108　斜卷结菱形组合 C 款（24 股）

参考No.96，编织相互交错的内嵌双线左右结的斜卷结菱形，两侧编织半个斜卷结菱形和左右结。

No.109　斜卷结菱形组合 D 款（24 股）

参考No.96，每8股绳子为一组编织内嵌平结的斜卷结菱形，每组菱形之间用平结相连。

No.110　斜卷结菱形组合 E 款（36 股）

No.107

No.108

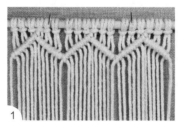

1

2

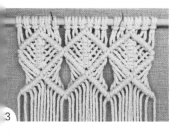

3

步骤1　每12股绳子为一组，编织斜卷结向上箭头，每组箭头之间用反卷结相连。

步骤2　参考No.99，用菱形内的10股绳子编平结鱼骨。编织向下箭头，闭合菱形。

步骤3　参考No.104，以中间的绳子为轴线，以从外向内排列的绳子为编线编织斜卷结向上箭头。重复以上步骤，直到所需长度。

No.111　斜卷结菱形组合F款（48股）

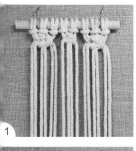

1

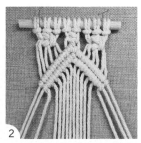

2

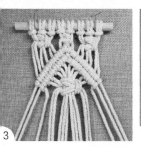

3

4

此处以16股绳子做示范，编织过程中注意把握轴线的角度，让菱形呈现橄榄形。

步骤1　如图编3个平结，绳子为48股时左右两侧第三个平结的轴线为8股。

步骤2　中间的2股绳子为轴线，编织2排斜卷结向上箭头作为菱形的上半部分，第二层箭头两侧各空1股绳子不编。

步骤3　菱形内用10股绳子编一个大平结，中间6股为轴线。

步骤4　从外向内编2排斜卷结，闭合菱形。

No.109

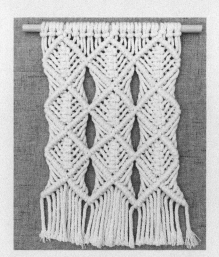

No.110

No.111

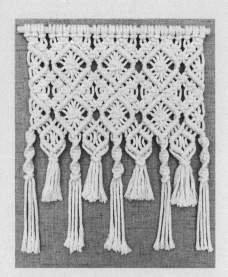

No.112

No.112　斜卷结菱形组合G款（48股）

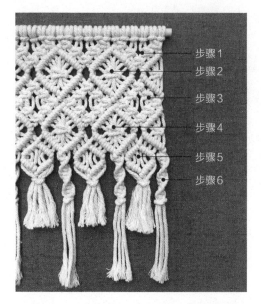

步骤1　每12股绳子为一组编织平结向下箭头。

步骤2　每组箭头之间用12股绳子编织内嵌大平结的斜卷结菱形，两侧为半菱形和平结。

步骤3　每组斜卷结菱形之间编织平结菱形。

步骤4　重复步骤2。

步骤5　每组菱形之间用8股绳子编织斜卷结菱形，并用固定结（见030页）收尾。

步骤6　大菱形下端用4股绳子编织一段旋转结，两侧需加绳2股编织旋转结，并用固定结收尾。

No.113　斜卷结菱形组合H款（32股）

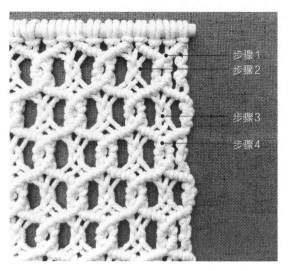

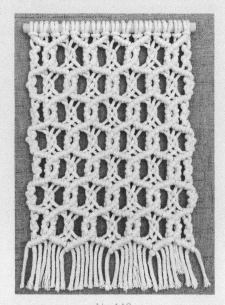

No.113

步骤1　每8股绳子为一组，用斜卷结编织向下箭头，并用箭头下的4股编织斜卷结菱形。

步骤2　相邻菱形之间用4股绳子编四股辫（见037页），两侧用2股绳子编左右结（见032页）。

步骤3　在菱形下端用8股绳子编斜卷结向上箭头，相邻两组箭头用4股斜卷结菱形连接。用向上箭头下的4股绳子编四股辫，两侧用2股绳子编左右结。

步骤4　重复以上步骤，直到所需长度。

No.114　斜卷结菱形组合I款（40股）

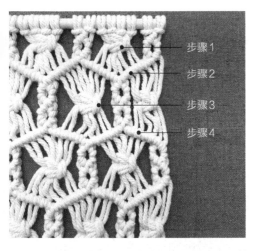

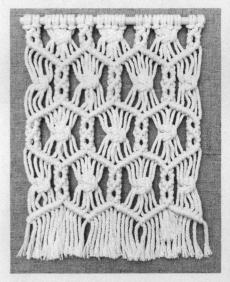

No.114

步骤1　交替编织4股斜卷结菱形和8股大平结。

步骤2　从两组小菱形下端往内编织斜卷结向下箭头。

步骤3　在箭头顶点下方编织2个4股斜卷结菱形，相邻箭头之间用8股绳子编一个大平结，左右两侧用6股绳子编织平结。

步骤4　从小菱形下端往两侧编织斜卷结向上箭头，闭合六边形。重复以上步骤，直到所需长度。

斜卷结叶子/花瓣/蝴蝶纹样

No.115　斜卷结叶子（6股）

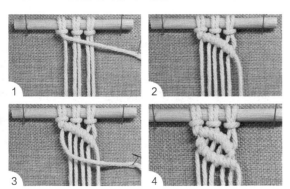

No.115

步骤1~2　最左侧绳子为轴线，向右下编5个斜卷结，形成如图所示的弧度。

步骤3~4　再用最左侧绳子作为轴线，向右下编5个斜卷结，形成如图所示的弧度，与上排斜卷结组成一个叶子。

No.116　斜卷结蝴蝶A款（16股）

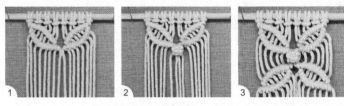

步骤1　将16股绳子分为左右两部分，用两侧的8股各编一个叶子，编织方向相反。

步骤2　用中间的4股绳子编一个虾球结。

步骤3　继续向下编两个叶子，组合成蝴蝶形状。

No.117　斜卷结蝴蝶B款（20股）

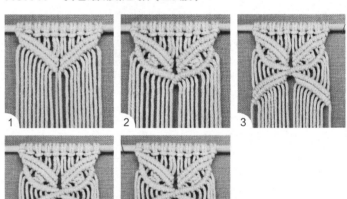

步骤1　将20股绳子分为左右两部分，分别从两侧向中间编织两排斜卷结。

步骤2　分别在左右斜卷结下编一个平结和一排斜卷结，闭合叶子，注意编出弧度。

步骤3　分别从中间向两侧编织两排斜卷结，形成一定弧度。

步骤4　分别在左右斜卷结下编一个平结和一排斜卷结，闭合叶子。注意下面两个叶子要与上面的形成对称。

步骤5　分别用两侧的4股绳子编一个斜卷结菱形作为蝴蝶的尾部。

No.116

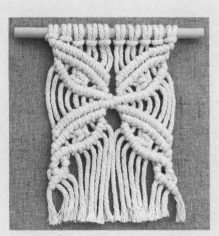

No.117

No.118　斜卷结蝴蝶组合C款（32股）

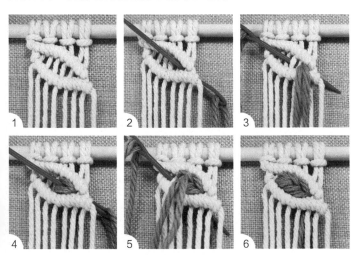

此处以8股绳子示范叶子内部的编织方法。

步骤1　先编一个叶子。

步骤2~6　将绿绳穿入大孔针，参考No.140在叶子内制作纺织辫子纹样。

No.119　斜卷结花瓣A款（16股）

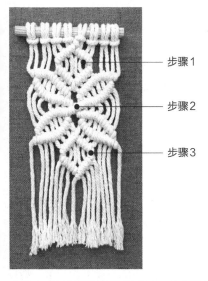

步骤1　用中间的8股绳子编一个斜卷结菱形。

步骤2　参考No.116，编一个蝴蝶纹样。

步骤3　再用中间的8股绳子编一个斜卷结菱形，形成花瓣形状。

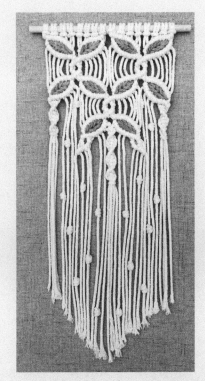

No.118

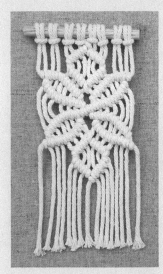

No.119

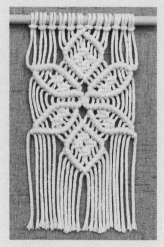

No.120

No.121

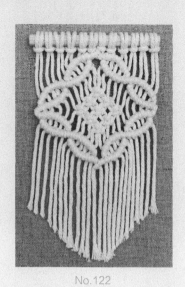

No.122

No.120　斜卷结花瓣B款（24股）

参考No.119，在菱形内编织平结小菱形，叶子内编织2个交错平结。

No.121　斜卷结叶子平面延展（24股）

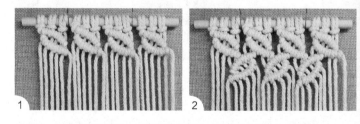

步骤1　每6股绳子为一组编织叶子，共编织4个。
步骤2　分别以2~4组的第3股绳子为轴线，向左交错编织叶子。重复以上步骤，直至所需长度。

No.122　斜卷结叶子A款（24股）

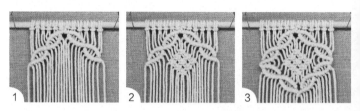

步骤1　将24股绳子分为左右两部分，从内向外连续编织2个叶子。
步骤2　用中间的12股绳子编一个平结实心菱形。
步骤3　左右两侧从外向内连续编织两个叶子。

No.123　斜卷结叶子B款（36股）

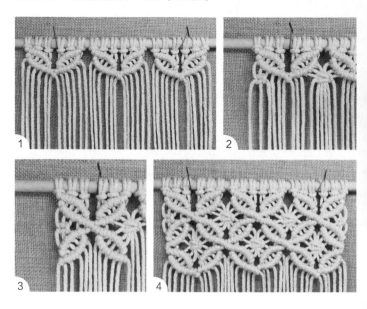

步骤1 每12股绳子为一组，编一组方向相对的叶子。

步骤2 如图所示，用每组叶子中间的6股绳子及两侧的3股绳子编织平结。

步骤3 再编织一组方向相反的叶子，形成蝴蝶形。

步骤4 用蝴蝶下方的6股绳子编织平结。重复以上步骤，直至所需长度。

No.124 斜卷结叶子C款（20股）

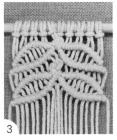

步骤1 用中间的4股绳子编2个双线左右结。

步骤2 从内向外编2片叶子。

步骤3 用中间的4股绳子编3个双线左右结，并从内向外编两片叶子。重复以上步骤，最后用双线左右结和斜卷结菱形收尾。

No.125 斜卷结叶子D款（12股）

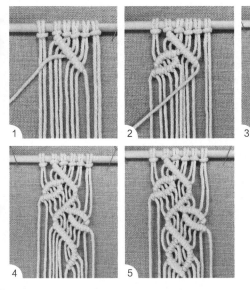
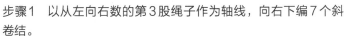

步骤1 以从左向右数的第3股绳子作为轴线，向右下编7个斜卷结。

步骤2 以从左向右数的第6股绳子作为轴线，向左编一个叶子。

步骤3 将步骤1中的轴线调转方向，往左下编7个斜卷结。并以从右向左数的第6股绳子作为轴线，向右编一个叶子。

步骤4 重复步骤1~3，编织若干个叶子。然后将轴线调转方向，

No.123

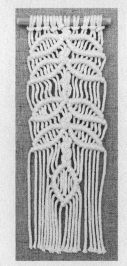

No.124

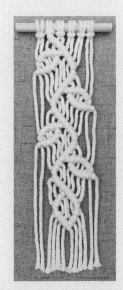

No.125

往右下编7个斜卷结，再转换方向，向左下编3个斜卷结。

步骤5　以从左向右数的第6股绳子作为轴线，闭合斜卷结菱形纹样，组成一组带有枝条的叶子。

No.126　斜卷结叶子E款（44股）

No.126

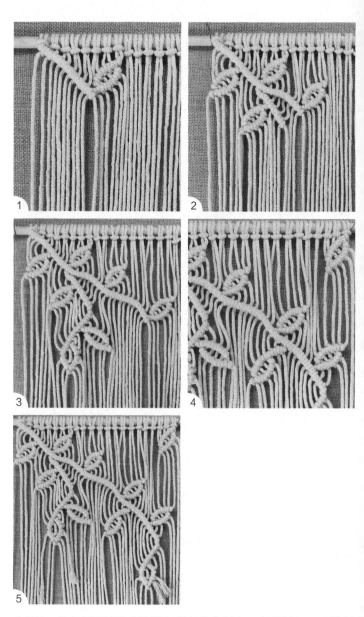

步骤1　从左侧开始往右下编斜卷结作为枝条，并用第11~16股绳子编一个叶子。

步骤2　用第1~6股绳子在枝条下编一片叶子。分叉编织枝条，先编织上面的枝条，再编织下面的，并在枝条两侧编织叶子。

步骤3　继续编织枝条和叶子，注意枝条和叶子要有交点。

步骤4　用右侧的6股绳子在右上角编一个叶子，并继续延长枝条，在枝条两侧编织叶子。

步骤5　最后用叶子收尾，可以按照图示编织，也可以随意发挥。

花朵/羽毛/流苏纹样

No.127　花朵A款（平结编法）

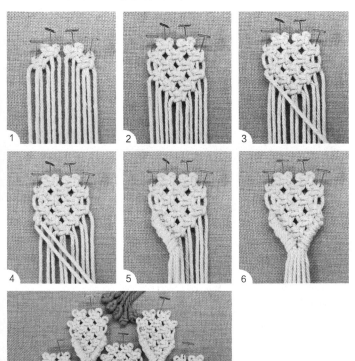

No.127

步骤1　编2个平结并列放好，第二排两侧各加2股绳子编平结。
步骤2　如图编织交错平结。
步骤3　将最左侧绳子作为轴线，向内编一个斜卷结。
步骤4　将编线和上一条轴线合并在一起作为轴线，向内编一个斜卷结。
步骤5　同理，不断将编线与轴线合并作为轴线，直至所有绳子被收拢在中间。
步骤6　右侧重复步骤3~5，直至所有绳子被收拢在中间，完成一个花瓣。
步骤7　共制作5个花瓣，并制作5个凤尾结（见039页）作为花蕊。
步骤8　花瓣放在外围，花蕊放在中间，用缠绕结系紧。
步骤9　调整花瓣和花蕊的长度与角度，制作完成。

No.128

No.128　花朵B款（斜卷结编法）

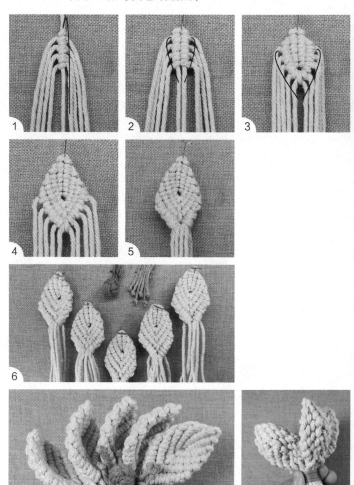

步骤1　在一条轴线的中点处，加4股绳子编织4个卷结。

步骤2　将轴线折下来，用一侧的4股绳子再编4个卷结。

步骤3　以两侧的绳子为轴线，每侧各编一排卷结，并将2股轴线用反卷结连在一起。

步骤4　重复步骤3，编织2排斜卷结。

步骤5　参考No.127的步骤3~5，将两侧的绳子收拢在一起，完成一个花瓣。

步骤6　共制作5个花瓣，并制作1个缠绕小球（见040页）和6个单结（见030页）作为花蕊。

步骤7　花瓣放在外围，花蕊放在中间，用缠绕结系紧。

步骤8　调整花瓣和花蕊的长度与角度，制作完成。

No.129 叶子枝干

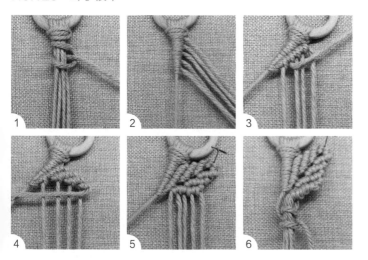

No.129

步骤1 3条绳子对折后用雀头结固定，此时共有6股绳子。以任意1股为编线，其余5股为轴线编一个卷结。

步骤2 再以任意1股为编线，其余绳子为轴线编织卷结，直至只剩一股轴线。

步骤3 以从上往下第5条绳子作为轴线，向上编4个卷结。

步骤4 按步骤3的方式，以从上往下第4股绳子为轴线编织3个卷结，直至第四排编织一个卷结，形成半片叶子。

步骤5 以最外侧的绳子为轴线，分别向左编织1个、2个、3个、4个卷结，组合成一片叶子。

步骤6 重复步骤1~2，将所有绳子收拢。继续编织叶子，直至所需的长度。

No.130 羽毛A款

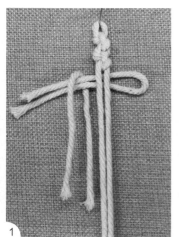

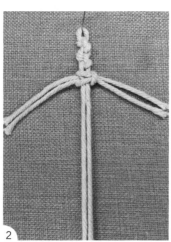

No.130

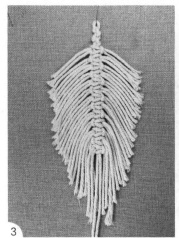 

步骤1~2　一条绳子对折后编4个左右结。取一条短绳对折，横向压在左右结下，再取一条短绳对折套在上一条短绳的尾端，并将尾端从前往后穿过绳环，形成平结。

步骤3　取短绳重复编织平结，直至所需长度。

步骤4　用梳子把棉线梳开，将边缘修剪整齐，形成羽毛状。

No.131　羽毛B款

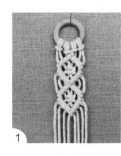  

步骤1　用8股绳子编织2个内嵌平结的斜卷结菱形。

步骤2　将若干条短绳用雀头结分别固定在菱形之间的空白处，并用梳子把棉线梳开。

步骤3　将边缘修剪成羽毛状。

No.132　流苏A款

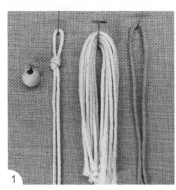 

No.131

步骤1　预备若干短绳和一个木珠，一条长绳对折后系单结。

步骤2　将短绳放入长绳之间，并穿入木珠。

步骤3　另取一条绳子用缠绕结将所有的绳子收拢在一起。

步骤4　调整绳子将木珠完全遮挡住，并修剪绳子。

No.133　流苏B款

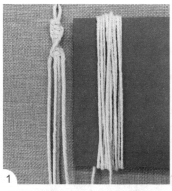
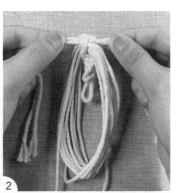

步骤1　将绳子缠绕在纸板上，纸板高度根据流苏长度确定。另取绳子编一段旋转结。

步骤2　用旋转结下的绳子在绳圈中点打结固定。

步骤3　另取一条绳子用缠绕结将所有的绳子收拢在一起。

步骤4　剪断绳圈，形成流苏。

No.132

No.133

No.134

No.135

No.134 流苏C款

步骤1　准备若干长度相等的绳子。

步骤2　另取一条绿绳缠绕在白绳的中部，两侧用固定结固定。

步骤3　将白绳收拢在一起作为轴线，以两侧的绿绳为编线，编织一段旋转结。剪短绿绳，并用胶水加固。

No.135　流苏组合纹样（48股）

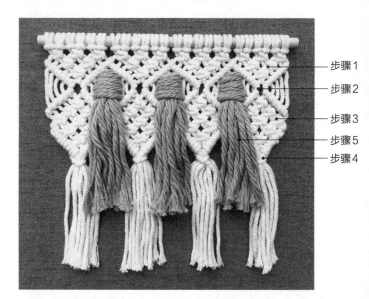

步骤1
步骤2
步骤3
步骤5
步骤4

步骤1　12股绳子为一组，编织平结倒三角形。

步骤2　用每组三角形之间的12股绳子编织斜卷结菱形，两侧编半个菱形。

步骤3　用每组斜卷结菱形之间的12股绳子编织平结实心菱形。

步骤4　参考No.127的步骤3~5，用斜卷结逐步将绳子收拢在一起。

步骤5　在斜卷结菱形内穿插绿绳，做成流苏。

纺织纹

　　纺织纹由经向线和纬向线组成，编织时先组织好经向线，再用不同走势的纬向线组成不同的纹样，密度根据需要而定。

No.136　单线穿插纹样

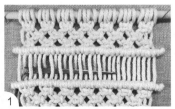 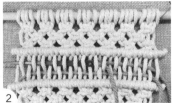

单股纬向线以挑1压1的方式走线，到头后纬向线转换方向。

No.137　双线穿插纹样

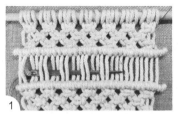 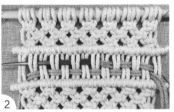

双股纬向线以挑2压2的方式走线，到头后双股纬向线转换方向。

No.138　穿插纹样

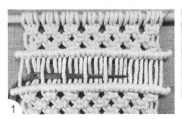 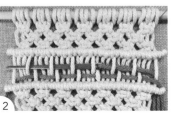

单股纬向线以挑1压3的方式走线，到头后纬向线转换方向。

No.139　斜纹纹样

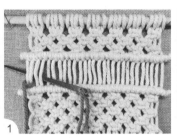 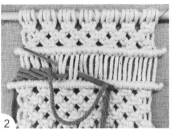

单股纬向线环绕2股经向线穿出，环绕4股经向线穿出，然后压6股经向线并从第2股经向线后穿出，压6股经向线并从第4股经向线后穿出，以此类推。

No.136~No.141

No.140　辫子纹样

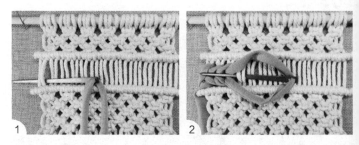

纬向线对折穿入大孔针内，从2股经向线后穿入，从左侧穿出，然后从4股经向线后穿出，从2股经向线中间穿出，从6股经向线后穿入，从4股经向线中间穿出，以此类推。

No.141　流苏纹样

纬向线两端分别从相邻两股经向线后穿入，然后从中间一起穿出，也可以将几股纬向线合并使用。

第 5 章

编织作品

陌桑 / 仙人掌挂毯

　　植物是家居生活中非常重要的元素，将仙人掌图案编进挂毯中，与绿植搭配在一起，可以打造出层次更加丰富的家居装饰效果。

　　平结可以完成大面积的片状图案设计。当我们想要将一个图案转化成编织纹样时，可以先将图案像素化，然后再安排平结的编织位置。

材料

木棍：长40cm、直径2cm
绳材：8mm的白色扁棉绳、绿色花绳

将绳材剪成以下长度和数量

白色扁棉绳：5m X 14条（28股）、50cm X 4条（作为横卷结的轴线）
绿色花绳：1.5~2m X 1条（辫子纹样）、35cm X 若干条（流苏纹样）
如果特色线比较细，可以几条合起来作为一股

绳结

云雀结、平结、横卷结、单结

编织纹样

交错平结 → No.1
辫子纹样 → No.140
流苏纹样 → No.141

起头法

云雀结横向起头法

成品尺寸

长85cm、宽40cm

制作步骤

步骤1　14条绳子对折，用云雀结固定在木棍上。取一条50cm长的轴线紧贴着云雀结编一排横卷结，两头用单结固定。间隔2cm再加一股轴线编一排横卷结，两头用单结固定。

步骤2　取1.5m长的花绳在两排横卷结之间编纺织纹辫子纹样。

步骤3　间隔6cm，用中间的12股绳子编14排交错平结。

步骤4　用两侧的8股绳子分别编织交错平结，左侧编11排，右侧编13排，如图所示三列平结形成高低差。

步骤5　编4排交错平结将左侧部分与中间部分合并，且每编一排左侧递减一个平结。

步骤6　编2排交错平结将中间部分与右侧部分合并。

步骤7　继续向下编4排交错平结，且每编一排右侧递减一个平结。

步骤8　用中间的12股绳子继续向下编织6排交错平结。

步骤9　在仙人掌下方3cm处加2股轴线编2排横卷结，横卷结间距2cm。

步骤10　用剩余的花绳在横卷结之间编纺织纹流苏纹样。

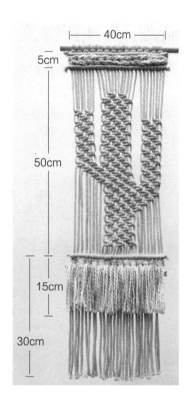

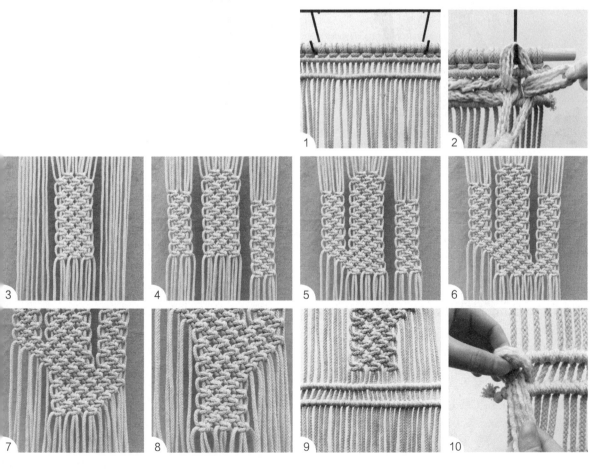

105

若莲 / 悬挂置物篮

　　将置物篮悬挂起来可以充分利用墙面的空间，编织图案也能成为有趣的装饰背景。

　　斜卷结适合制作线条类的图案设计。本案例将线条设计成花朵图案，斜卷结能让图案更加清晰突出。当我们要将图案转化为斜卷结编织时，需要注意编织的顺序是从上往下，从中心往两侧。

材料

置物箱：长26cm、宽21cm、高11cm

天然树枝：长45cm

绳材：3mm白色棉绳、3mm深绿色棉绳

将绳材剪成以下长度和数量

白色棉绳：1.5m×26条（52股）

深绿色棉绳：3m×6条（12股）、4m×6条（12股）

绳结

云雀结、平结、斜卷结、单结、左右结

编织纹样

交错平结菱形 → No.36

部分延长斜卷结菱形 → No.95

斜卷结双层菱形 → No.111

斜卷结叶子 → No.115

起头法

云雀结横向起头法

成品尺寸

长30cm、宽21cm、高30cm

制作步骤

步骤1　白绳全部对折用云雀结固定在树枝上。编织交错平结菱形，用两侧的8股绳子分别编织平结菱形，跳过4股，再编两个，然后在第一排平结菱形下方再各编一个。

步骤2　用中间的16股绳子编斜卷结双层菱形，中间包裹一个8股大平结，中间4股为轴线，两侧2股为编线。

步骤3　将从左向右数第13股绳子作为轴线，往中心编斜卷结叶子，叶子上边缘编10个斜卷结，下边缘编13个斜卷结至菱形的下顶点，注意叶子弯曲的弧度。右侧同理。

步骤4　将从左向右数第5股绳子作为轴线，往中心编斜卷结叶子，叶子上边缘编11个斜卷结，下边缘编21个斜卷结至菱形的下顶点，注意叶子弯曲的弧度。右侧同理。

步骤5　取从左向右数第14股绳子为轴线，往中心编9个斜卷结，注意弯曲的弧度。右侧同理。

步骤6　用中间8股绳子编一个平结菱形，用两侧的8股绳子分别编织平结菱形，跳过4股，再编2个。下一排交错编织平结菱形。

步骤7　每条绳子的底端编单结作为装饰，部分过长的绳子将单结编至统一的长度后进行修剪。

步骤8　将6条3m长的绿绳用云雀结固定在主体两侧，每侧6股，参考No.95编织部分延长斜卷结菱形约30cm。

步骤9　将6条4m长的绿绳用云雀结固定在步骤8的两侧，每侧6股，编织部分延长斜卷结菱形约40cm。

步骤10　将4条斜卷结菱形的末端用左右结绑在置物箱的四角，注意保持置物箱位置水平，多出来较长的部分可以编三股辫或做成流苏。

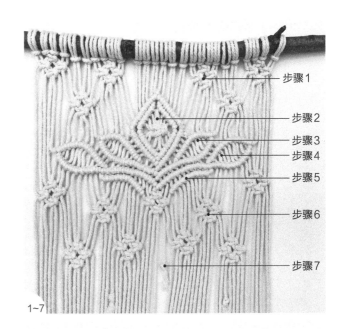

步骤1
步骤2
步骤3
步骤4
步骤5
步骤6
步骤7

1~7

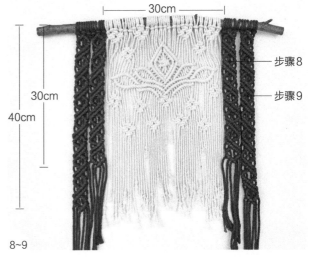

30cm
30cm
40cm

步骤8
步骤9

8~9

步骤10

10

晴川 / 五列组合挂毯

可以将多幅挂毯组合在一起形成各种图案。每幅挂毯既可以独立使用，又可以组合成为一个整体。在设计这类挂毯时，要先构思图案的大框架，然后再考虑从什么位置拆分。

材料

木棍：长80cm、直径1cm

绳材：2.5mm棉绳

将绳材剪成以下长度和数量

A列：1.5m×32条（64股）

B列：2m×32条（64股）

C列：2.5m×24条（48股）

绳结

云雀结、平结

编织纹样

平结向上箭头 → No.26、No.27

平结向下箭头 → No.28、No.29

平结倒三角形 → No.32

平结实心菱形 → No.35

平结菱形内嵌纹样 → No.43

平结双层菱形 → No.45

平结组合菱形 → No.48

起头法

云雀结横向起头法

成品尺寸

长55cm、宽66cm

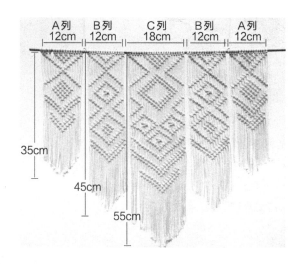

制作步骤

步骤1　从中间的C列开始编织比较容易把控整体。将24条2.5m长的棉绳用云雀结固定在木棍的正中间，并用中间的24股编织平结倒三角形。

步骤2　用两侧的18股绳子分别向内编织半个平结菱形，注意与倒三角形两边平行。

步骤3　用中间的36股绳子编一个平结双层菱形，注意与步骤2的半菱形平行。

步骤4　用两侧的12股绳子分别向内编织半个平结菱形。

步骤5　将48股绳子均分为两组，各编织一个内嵌8股平结的菱形，然后取中间24股再编织一个内嵌8股平结的菱形。

步骤6　从两侧往中心编织单层平结向下箭头，注意与上面的菱形平行。

步骤7　从两侧往中心编织双层平结向下箭头。

步骤8　两侧各跳过6股绳子，继续编织双层平结向下箭头。

步骤9　编织B列。将32条棉绳用云雀结分别固定在C列的两侧，每侧16条。详细步骤参照编织纹样No.48，并将最后的单层平结向下箭头改成双层平结向下箭头。注意箭头、菱形等倾斜的角度要与C列相同。

步骤10　编织A列。将32条棉绳用云雀结固定在B列的两侧，用中间的16股绳子编平结倒三角形。

步骤11　从两侧往中心编平结向下箭头，后接向上箭头，形成"X"形。

步骤12　用中间20股编织平结实心菱形，注意与上面的箭头平行。

步骤13　从两侧往中心编织双层平结向下箭头。

步骤14　两侧各跳过4股，继续编织双层平结向下箭头。

步骤15　最后将5列挂毯的底部修剪成相同的倾斜角度，形成一个整体。

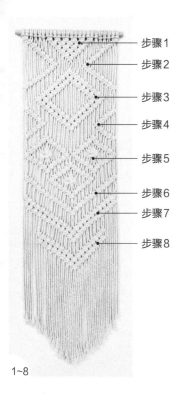

步骤1
步骤2
步骤3
步骤4
步骤5
步骤6
步骤7
步骤8

1~8

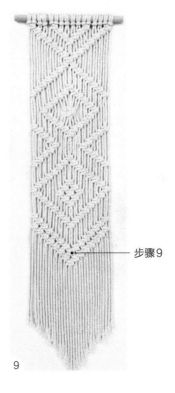

步骤9

9

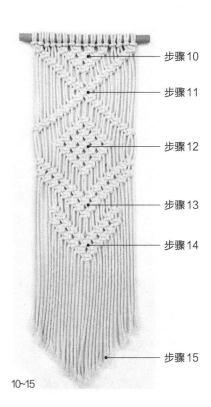

步骤10
步骤11
步骤12
步骤13
步骤14
步骤15

10~15

剪秋/一片式方形挂毯

一片式设计是由重复的1~3种纹样组成，视觉效果干净整齐，并且容易操作。先选择一种能把控整体视觉的纹样，在这种纹样里加入其他细节的变化。

材料

木棍：长40cm、直径1.5cm

绳材：3mm茶色棉绳

将绳材剪成以下长度和数量

3.2m × 32条（64股）

绳结

云雀结、平结、斜卷结

编织纹样

平结空心菱形 → No.37

起头法

云雀结横向起头法

成品尺寸

长60cm、宽30cm

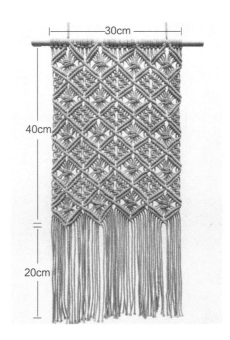

制作步骤

步骤1　将所有绳子用云雀结连接在木棍上。

步骤2　16股为一组，取中间的4股分别往两侧编双层斜卷结。

步骤3　用每组中间的10股绳子编一个大平结，中间6股为轴线，两侧各2股为编线。

步骤4　每组从两侧往中间编双层斜卷结。

步骤5　用每两组之间的12股绳子编织平结空心菱形。

步骤6　重复以上步骤至40cm长，并在60cm处剪断绳子，形成整齐的平流苏。

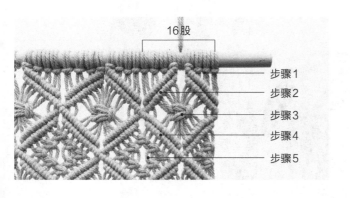

雪见/一片式递减挂毯

除了方形的一片式外，还可以设计成逐排递减的纹样，每排纹样的两侧都缩减一个编织纹样，形成倒三角形。

这种类型的编织设计，同样长度的绳子中间部分编到下面会越来越短，此时可以运用秘鲁结补绳技巧，既可以补齐长度，又可以装饰留白部分。

材料

天然树枝：长40cm

绳材：3mm棉绳

将绳材剪成以下长度和数量

3m X 24条（48股）

绳结

云雀结、斜卷结、平结、秘鲁结

编织纹样

斜卷结向上箭头 → No.65

斜卷结向下箭头 → No.66

起头法

云雀结横向起头法

补绳法

秘鲁结加绳法

成品尺寸

长85cm、宽33cm

制作步骤

步骤1　将所有绳子用云雀结连接到树枝上，每8股为一组编织双层斜卷结向下箭头。

步骤2　用每两组之间的8股绳子编一个大平结，中间4股为轴线，两侧各2股为编线。

步骤3　左右两侧用8股绳子从外往内编双层斜卷结，中间的每组编双层斜卷结向上箭头。用每两组之间的8股绳子编一个大平结。

步骤4　重复步骤3，每排两侧递减4股不编，直到编至最后一组中间纹样。

步骤5　一般呈现倒三角分布的挂毯设计，编织结束后中间的绳子所剩较短，不利于修剪形状，此时可以采用秘鲁结补绳法加绳。图中蓝色绳子为补绳部分，其他留白的部分编秘鲁结作为装饰。

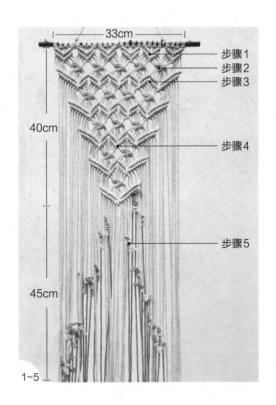

月白 / 分段式小挂毯

分段式设计是将挂毯分割成若干区块，小型挂毯的分割线只需加轴线编横卷结便可完成。同一区块编织同一款纹样，可以将密集的纹样与稀疏的纹样交错分布，形成疏密有致的视觉效果。

材料

木棍：长30cm、直径1.5cm

绳材：3mm棉绳

将绳材剪成以下长度和数量

3.5m X 20条（40股）、

35cm X 2条（作为分割线）

绳结

反云雀结、平结、横卷结、斜卷结、单结

编织纹样

交错双平结 → No.4

斜卷结向下箭头 → No.66

斜卷结菱形 → No.94

起头法

反云雀结横向起头法

成品尺寸

长65cm、宽24cm

制作步骤

步骤1　将所有棉绳用反云雀结固定在木棍上，
编3排交错双平结，长度约7cm。

步骤2　加一条35cm的分割线作为轴线，所
有棉绳在轴线上编织横卷结，两头用单结
固定。

步骤3　8股为一组，编织斜卷结菱形，长度
约10cm。

步骤4　加一股35cm的分割线作为轴线，所
有棉绳在轴上编织横卷结，两头用单结固定。

步骤5　8股为一组，交错编织四层斜卷结向
下箭头，长度约24cm。

步骤6　间隔24cm编一排高度一致的单结，
修剪后完成。

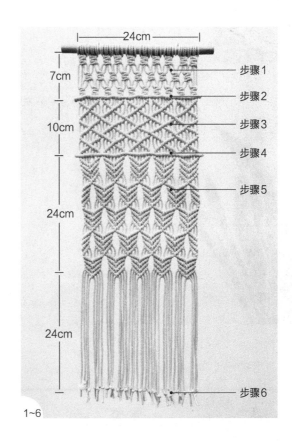

1~6

远志 / 分段式大挂毯

　　从小挂毯到大挂毯，分段的思路是一样的，但是用在大挂毯上的分割线要换成细木棍或较硬挺的材料。因为如果每段纹样编织结束后用棉绳做分割线，会出现歪斜不直的情况。在挑选大挂毯的编织纹样时，除了大线条大区块的纹样外，还可以插入一些纺织纹样。

材料

木棍：长1m、直径2cm的1根，长0.9m、直径6mm的5根（作为分割线）
绳材：4mm白色棉绳、灰色粗毛线、卡其色粗毛线

将绳材剪成以下长度和数量

白色棉绳：6m×48条（96股），大挂毯的制作最好预备足够的绳材，如果编到后半部分绳

长不够，也可灵活运用补绳技巧
灰色粗毛线：6m，可适当分段取用，如果一次性取太长，在使用过程中容易摩擦起球。分段编纺织纹样时，线头在挂毯背面打死结即可
卡其色粗毛线：4m

绳结

云雀结、平结、横卷结、斜卷结、秘鲁结

编织纹样

交错双平结 → No.4

双平结空心菱形 → No.38

斜卷结向上箭头 → No.65

辫子纹样 → No.140

起头法

云雀结横向起头法

成品尺寸

长126cm、宽70cm

制作步骤

步骤1　将48条棉绳对折后用云雀结固定在木棍上，每4股为一组，编织5排交错双平结。

步骤2　用所有棉绳在细木棍上编横卷结作为分割线，并拉紧绳结。

步骤3　间隔9cm，用所有棉绳在第二根细木棍上编横卷结作为分割线。

步骤4　取灰色粗毛线，参考No.140编纺织纹辫子纹样。

步骤5　每32股为一组，编织2排双层斜卷结向上箭头，间隔为9cm。

步骤6　用所有棉绳在第三根细木棍上编横卷结。

步骤7　每16股为一组，编织双平结空心菱形。

步骤8　用所有棉绳在第四根细木棍上编横卷结。

步骤9　间隔8cm，用所有棉绳在第五根细木棍上编横卷结作为分割线。

步骤10　取卡其色粗毛线，编纺织纹辫子纹样。

步骤11　每4股为一组，编织2排交错双平结，第3排则每跳过4股编一个双平结。

步骤12　部分棉绳打秘鲁结，大部分保留不修剪，为了整体效果，太长的可以适当剪短。

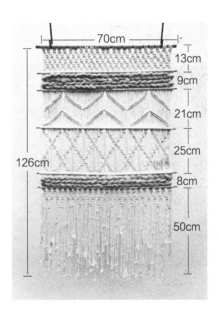

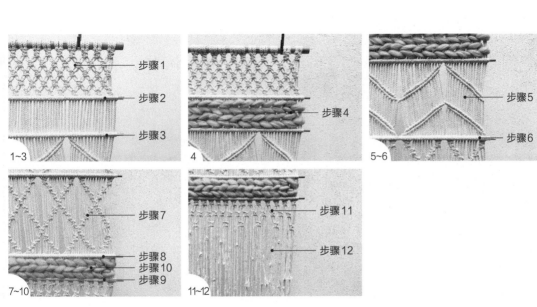

朝颜 / 分段式不规则挂毯

　　这个案例是绳结与纺织纹的结合，创造出了一种拼布的视觉效果。除了前两款的横向分割外，还可以将挂毯用斜卷结分割成不规则的区域，部分区域要留出经向线，为纺织纹编织做准备。

材料

天然树枝：长35cm
绳材：2.5mm白色棉绳、各种特色绳

工具

大孔针

将绳材剪成以下数量和长度

白色棉绳：2.5m×26条（52股）、50cm×1条（作为轴线）
特色绳的长度根据不同区域的设计来定，不够长时可以补绳

绳结

云雀结、平结、斜卷结

编织纹样

交错平结 → No.1
纺织纹 → No.136～No.141

起头法

云雀结横向起头法

成品尺寸

长50cm、宽30cm

制作步骤

步骤1　确定好树枝的摆放角度，本案例将树枝如图放置。用云雀结将26条绳子固定到树枝上，大概绘出分区示意图，并安排好部分区域的编织纹样。

步骤2　添加一条50cm长的绳子作为轴线，紧贴着树枝编一排卷结。弯曲的树枝使得棉绳分布不均，这一排卷结可以令棉绳排列整齐。

步骤3　根据步骤1所绘的示意图按编号顺序编织，原则为从上到下，从中间到两侧。每个区域编好平结纹样后，用斜卷结封闭该区域。

步骤4　取各种特色绳，将步骤3分出的6个空白区域用纺织纹填满。

步骤5　微调并修剪。

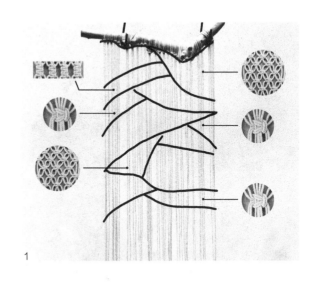

1

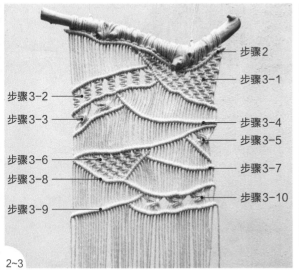

步骤2
步骤3-1
步骤3-2
步骤3-3
步骤3-4
步骤3-5
步骤3-6
步骤3-7
步骤3-8
步骤3-10
步骤3-9

2~3

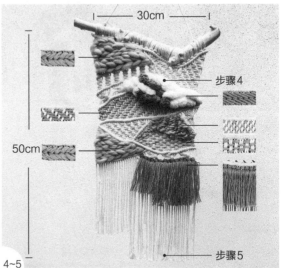

30cm
步骤4
50cm
步骤5

4~5

空青 / 分段式染色挂毯

　　除了用直线作为分割线，还可以根据编织纹样的特性，用波浪线作为分割。举一反三，菱形、六边形等纹样均可用来分割上下部分。

　　当制作这类编织部分少于留白部分的挂毯时，可以用染色丰富层次，单色染或者渐变染都很出彩。

材料

木棍：长40cm、直径1.5cm

绳材：3mm棉绳

将绳材剪成以下长度和数量

2.5m × 20条（40股）

绳结

云雀结、平结、斜卷结、旋转结、固定结

编织纹样

平结鱼骨 → No.23

斜卷结向上箭头 → No.65

斜卷结菱形 → No.92

起头法

云雀结横向起头法

染色技法

染粉吊染法

成品尺寸

长90cm、宽30cm

制作步骤

步骤1 将所有棉绳对折后用云雀结固定在木棍上。

步骤2 每10股为一组，编3排平结鱼骨。

步骤3 在每组平结下编织一个双层斜卷结向上箭头。

步骤4 在每组箭头之间编织一个6股斜卷结菱形，并接5个旋转结。

步骤5 两侧用3股绳子编织斜卷结波浪，并用固定结聚拢绳尾。然后将绳子末端修剪成尖头形。

步骤6 调好蓝色染液或喜欢的其他颜色，用吊染法将留白部分浸染上色（见024页染色方法）。

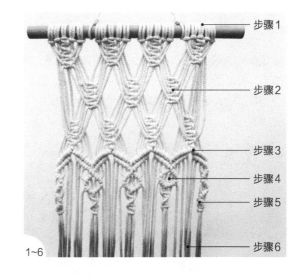

步骤1
步骤2
步骤3
步骤4
步骤5
步骤6

1~6

　　同样的纹样可以拓展成更宽的挂毯，或者染成渐变色，稍加变化又是另外一种风格。

材料

木棍：长110cm、直径1.5cm

绳材：3mm棉绳

将绳材剪成以下长度和数量

2.5m × 70条（140股）

成品尺寸 长90cm、宽100cm

材料

木棍：长60cm、直径1.5cm

绳材：3mm棉绳

将绳材剪成以下长度和数量

2.5m × 30条（60股）

染色技法 颜料刷染法

成品尺寸 长100cm、宽50cm

楚云 / 方形抱枕

　　本案例的方形抱枕采用一片式设计思路。无流苏收尾的设计需要解决最后的线头问题，用卷结收尾方便修剪，但必须拉紧，避免脱落；用平结收尾，则要将线头隐藏在绳结里再进行修剪。

　　像抱枕、枕头、毯子这类亲肤的编织物，建议用布条线等不掉毛屑的绳材来编织。

材料

方形枕套、枕芯：长40cm、宽40cm

绳材：湖蓝色布条线2团、米白色布条线2团、明黄色布条线1团

工具

细木棍（长40~50cm）、缝纫针、缝纫线

将布条线剪成以下数量和长度

湖蓝色布条线：2.8m×16条（32股）、70cm×2条（加绳轴线）

米白色布条线：2.8m×16条（32股）

明黄色布条线：2.8m×8条（16股）

绳结

云雀结、斜卷结、平结、横卷结、固定结、秘鲁结

编织纹样

斜卷结菱形组合→No.111

流苏→No.132

起头法

云雀结横向起头法

成品尺寸

长40cm、宽40cm

制作步骤

步骤1　将所有2.8m长的布条线对折后，用云雀结固定在70cm长的湖蓝色轴线上，排列顺序为：湖蓝色8条、米白色8条、明黄色8条、米白色8条、湖蓝色8条。如果开头只是固定在布条线上，会不够支撑力进行接下来的编织，解决的方法一种是将轴线用珠针固定在软木垫板上，另一种是在轴线上同时加入一根细木棍作为支撑，制作完成后再撤掉。本案例用细木棍作支撑。

步骤2　参考No.111编织4排主体纹样，参考

No.132编织4条流苏。

步骤3　添加一条70cm长的湖蓝色布条线作为轴线，所有布条线依次在轴线上编织横卷结，然后剪掉线头。注意横卷结必须拉紧，避免脱落。

步骤4　取出与抱枕套颜色相似的缝纫线，用缝纫针将编织片与抱枕套缝合在一起。

步骤5　将抱枕套四角的布条线穿过流苏绑好，并用固定结或秘鲁结绑好线头。

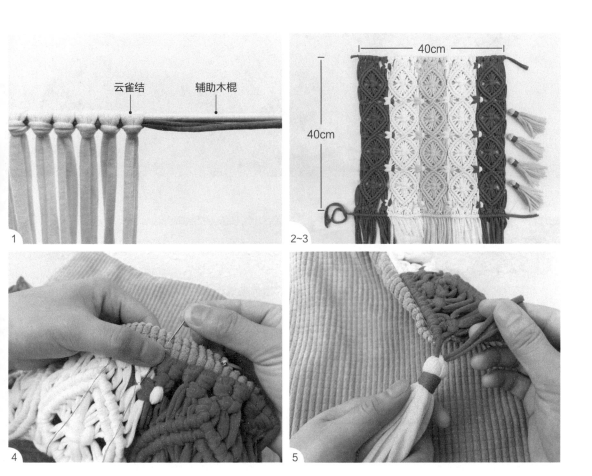

杜若 / 蝴蝶抱枕

用分段式设计的方法在抱枕图案主纹样的基础上，添加另一种纹样，以形成视觉亮点。

材料

方形枕套、枕芯：长40cm、宽40cm

绳材：卡其色布条线2团、咖啡色布条线1团、姜黄色布条线1团，朱红色布条线1团

工具

细木棍（长40~50cm）、缝纫针、缝纫线

将绳材剪成以下长度和数量

卡其色布条线：2.4m × 24条（48股）、

50cm × 3条（加绳轴线）

咖啡色布条线：2.4m × 3条（6股）、50cm × 3条（加绳编线）

姜黄色布条线：2.4m × 3条（6股）、50cm × 3条（加绳编线）

朱红色布条线：2.4m × 2条（4股）、50cm × 4条（加绳编线）

绳结

反云雀结、平结、斜卷结、虾球结、横卷结、旋转结、左右结

编织纹样　斜卷结蝴蝶 → No.116

加绳法　平结加绳法

起头法　反云雀结横向起头法

成品尺寸　长40cm、宽40cm

制作步骤

步骤1 将所有2.4m长的布条线对折后，用反云雀结固定在50cm长的卡其色轴线上，排列顺序为：咖啡色2条、卡其色8条、咖啡色1条、朱红色1条、卡其色8条、朱红色1条、姜黄色1条、卡其色8条、姜黄色2条。本案例用细木棍作辅助支撑。

步骤2 用4组彩色布条线各编一个平结。跳过两侧的2股绳子，每20股为一组，用斜卷结编织蝴蝶纹样，中间和下方编织虾球结。

步骤3 添加一条卡其色轴线，所有布条线依次在轴线上编织横卷结。

步骤4 每4股布条线为一组，用左侧咖啡色、右侧姜黄色及部分卡其色布条线编织6个平结。

步骤5 其他位置如图所示，加相应颜色编线编织6个平结。

步骤6 用原始布条线（加绳编线不计）在加绳轴线上编织横卷结，并继续向下编织虾球结和蝴蝶纹样，且逐排递减。然后在蝴蝶下方编织若干旋转结和左右结。

步骤7 翻到背面，将加绳编线的线头藏进绳结里，涂上胶水，剪掉线头。

步骤8 用与抱枕套颜色相似的缝纫线将编织片与抱枕套缝合在一起。

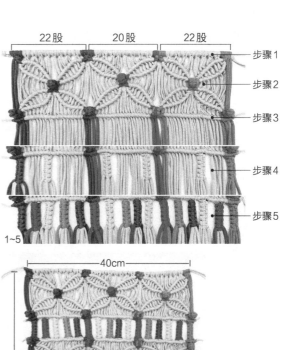

22股　20股　22股

步骤1
步骤2
步骤3

步骤4

步骤5

1~5

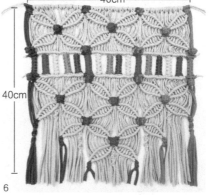

40cm

40cm

6

背面

7~8

同样的编法只需交换一下纹样顺序或纹样的比例，即可制作成不同视觉效果的抱枕。

芜华／桌旗

在家中的长桌或茶桌上，放置一条流苏桌旗，既装饰了桌面，又起到分隔茶区或餐食区域的功能。桌旗在户外场景中经常搭配花艺出现，野趣中带点细腻的艺术感。

材料

绳材：3mm棉绳

将绳材剪成以下长度和数量

4m×36条（36股）

工具

垫板、夹子或珠针

绳结

平结、秘鲁结

编织纹样

平结向下箭头 → No.28

双平结菱形 → No.38

起头法

从中间区域开始编

成品尺寸 长160cm、宽18cm

制作步骤

步骤1 取32条棉绳分成两组，分别在棉绳的中间位置编织双平结菱形，菱形中间内嵌一个双平结。由于没有支撑杆作为支撑，可用夹子或珠针将绳子固定在垫板上方便操作。

步骤2 将剩下的4条棉绳放在步骤1的2个菱形之间，在4条棉绳上编织2个双平结作为定位结，分别与步骤1的菱形从中间往两侧数第三个平结对齐。将2个定位结作为顶点，编织双平结菱形，注意与步骤1菱形保持平行。

步骤3 与中心区域间隔约10cm，从外往内编双层双平结向下箭头。一共编织3组，每组间隔10cm。

步骤4 上下翻转，编织另一侧的3组双平结向下箭头。

步骤5 主体编织完成后，根据个人喜好，预留足够的长度后编秘鲁结，并修剪平整。

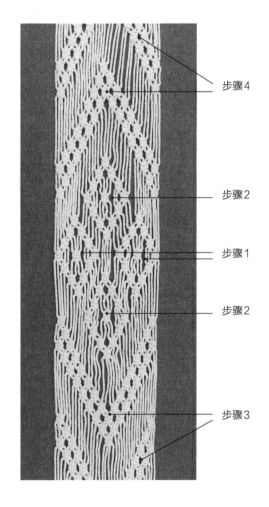

步骤4

步骤2

步骤1

步骤2

步骤3

子萱/杯垫、餐垫

编好了茶席，杯垫和餐垫也安排上，让喝茶有满满的仪式感。本案例用基础的平结便能完成，结构也非常简单，可以根据自己家中的风格配搭不同的颜色。

材料

绳材：3mm白色棉绳、3mm薄荷绿棉绳

工具

辅助木棍：直径1cm

将绳材剪成以下的长度和数量

单片杯垫需要80cm X 10条（20股）绳子，白色棉绳和薄荷绿棉绳的数量可以根据设计好的颜色来搭配

绳结 云雀结、平结

编织纹样 交错平结 → No.1

起头法 云雀结横向起头法

成品尺寸 长10cm、宽10cm

制作步骤

步骤1　将不同颜色的棉绳按照图中所示的配色方案，用云雀结固定在木棍上。案例中的木棍只是辅助编织，完成后会抽出。

步骤2　用所有的绳子编织11排交错平结，不同的配色方案编出的杯垫也不相同。

步骤3　抽出辅助木棍，松开云雀结，从中间剪断每一条绳子。将两端的线头修剪成相同长度，并用梳子梳理蓬松。

A	B	C	D	E

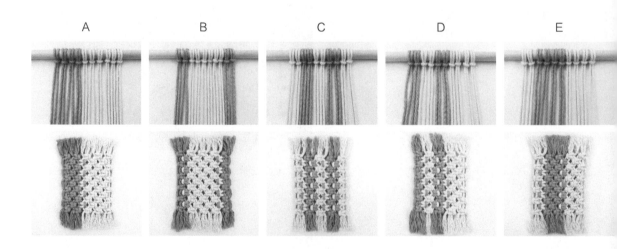

材料、工具、绳结、起头法

同杯垫

将绳材剪成以下的长度和数量

白色棉绳：150cm × 10条（20股）、6cm × 16条（两侧流苏）

薄荷绿棉绳：150cm × 8条（16股）

编织纹样

交错平结 → No.1

平结内嵌菱形 → No.46

成品尺寸　长20cm、宽20cm

制作步骤

步骤1　将18条15cm长的棉绳按图中的顺序，用云雀结固定在辅助木棍上。

步骤2　每4股一组，编3排交错平结。

步骤3　参考No.46编织一个内嵌菱形，菱形中间编一个大平结，中间12股为轴线，两侧各2股为编线。

步骤4　与步骤1上下对称编3排交错平结。

步骤5　抽出辅助木棍，松开云雀结，从中间剪断每一条绳子。然后在编织片两侧的孔内用6cm的短绳编织云雀结。最后将四边的线头修剪成相同长度，并用梳子梳理蓬松。

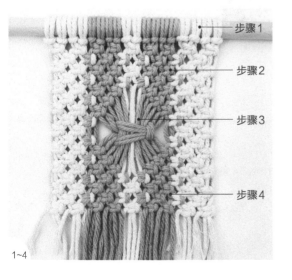

1~4

5

蜂窝／便签架

在框架设计中，画框是常用的辅助道具。小画框上可以直接编织，大画框则需要借助钉子定位，因为有的纹样如果没有钉子辅助就会变形，影响整体效果。本案例选择了最基础的平结，通过拉宽间距的方式，让纹样呈现出蜂窝状，是一件很特别的装饰，别上别针就是一个便签架和相片架。

工具
钉子、锤子

编织纹样
平结平面延展 → No.3

将绳材剪成以下长度和数量
4m × 16条（32股）、1m × 14条（28股）

起头法
独立平结法

材料
大画框：长90cm、宽60cm
绳材：3mm棉绳

绳结
平结、横卷结、左右结

成品尺寸
长120cm、宽60cm

制作步骤

步骤1　将画框的短边60cm分成9份，两侧2份各3.5cm长，中间7份各7cm长，每份之间用2颗钉子隔开，2颗钉子之间间距5mm。将画框的长边90cm分为10份，其中一侧为9cm长，其余均为8.5cm，每份之间用2颗钉子隔开，2颗钉子之间间距5mm。

步骤2　确定好位置后将钉子轻轻钉进画框，不要全部钉进去，留出约5mm的高度用来固定绳子。

步骤3　将16条4m长的棉绳对折后，挂在短边的钉子上，每4股为一组，分别编织8个平结。

步骤4　间隔约3cm编织交错平结，每排都是8个平结。两侧的棉绳钩住长边的钉子上，形成六边形。

步骤5　编至画框底部时，原有的棉绳在画框上编横卷结。在每组平结之间加2条1m长的棉绳，在两侧各加一条1m长的棉绳。每4股为一组，编织不同长度的双股左右结。

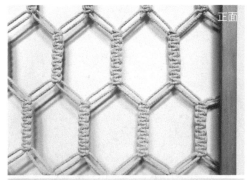

野鸢/圆形镜子

　　圆环是绳编里常用的辅助框架，这款镜子由2个大小不同的圆环组成，编织时从内向外，镜子镶嵌在小圆环背面。内外环的尺寸不同，需要的绳子数量也不相同，所以需要在适当的位置加绳。加绳既可以在圆环上加，也可以在编织纹样里增加，本案例采用前者。

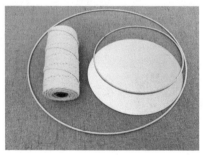

材料

金属圆环：2个，直径分别为20cm和35cm

镜子：直径为20cm

绳材：3mm白色棉绳、3mm薄荷绿棉绳

将绳材剪成以下长度和数量

白色棉绳：1m×80条（160股）

薄荷绿棉绳：60cm×20条（40股）、1m×2条（用来在背面固定镜子）

绳结

反云雀结、平结、卷结、纵卷结、固定结、梭织结

编织纹样

平结鱼骨 → No.23

平结倒三角形 → No.32

斜卷结向下箭头 → No.66

起头法

反云雀结法

成品尺寸　直径约50cm

132

制作步骤

步骤1　将所有白色棉绳用反云雀结固定在小圆环上。

步骤2　每16股为一组，编织平结鱼骨。注意控制好力度，编好的长度要刚好位于大圆环上。

步骤3　将每组鱼骨的轴线按图片标注的顺序（对角位置）用卷结连接在大圆环上。先编轴线是为了固定好每组的位置，这样就不会在编织时发生移动。然后所有的白色棉绳依次在大圆环上编织卷结。

步骤4　在每组之间加入2条60cm长的薄荷绿棉绳。

步骤5　用16股白绳编织一个平结倒三角形。

步骤6　每20股棉绳为一组（16股白色棉绳和两侧各2股薄荷绿棉绳），沿着倒三角编织双层斜卷结向下箭头。

步骤7　将两组之间的6股绳子单独拿出来，最上面的2股作为编线，分别在下面的2股轴线上各编3个纵卷结，最后用固定结收拢线头。

步骤8　翻到背面，将镜子放在小圆环上，用1m长的薄荷绿棉绳以五角星的走线方式用梭织结固定镜子。错开1个角，用另一条薄荷绿棉绳加固，正好填满10组平结鱼骨之间。

步骤9　留出4股薄荷绿棉绳做挂绳，修剪并梳理其余的绳子。

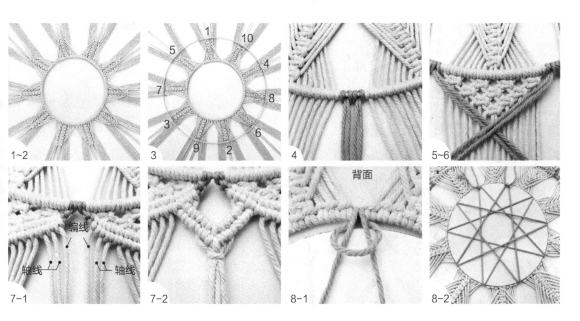

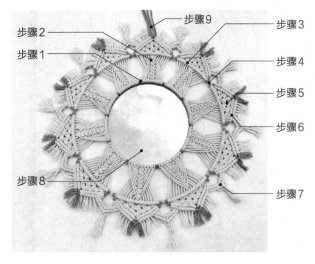

鹤羽／捕梦网

　　捕梦网是来自印第安文化的挂饰，寓示着捕捉噩梦，美梦成真。圆环内采用了花朵纹样，并用绳结编织成羽毛。搭配一些干花和叶子，丰富捕梦网的层次。

材料

藤圈：直径20cm

天然花材：棉花、蜡菊干花、尤加利叶、松果等

绳材：3mm棉绳

工具　花艺铁丝、热熔胶

将绳材剪成以下长度和数量

中心部分：1m×12条（24股）

羽毛部分：2m×2条（长）、1.5m×4条（中）、1m×4条（短）

羽毛加绳部分：30cm×40条

绳结

反云雀结、云雀结、平结、卷结、左右结、斜卷结

编织纹样

交错平结→No.1

羽毛→No.131

起头法　围绕中心起头法

加绳法　斜卷结编线加绳法

成品尺寸　长60cm、宽20cm

制作步骤

步骤1　制作中心部分。取一条1m长的棉绳作为轴线（此处用绿绳做示范），用围绕中心起头法，将其余11条1m长的棉绳用反云雀结系在轴线上，并拉紧绳环。

步骤2　以绳环的轴线作为第一个平结的轴线编织平结，其余的棉绳4股一组依次编5组平结。

步骤3　依次向外编织交错平结，越往外间距越大，共编织4圈平结。

步骤4　将藤圈放在编织好的部分上，将6组棉绳用卷结固定在藤圈上，绳尾在背面打死结，涂抹胶水后剪掉。

步骤5　制作羽毛部分，一般设计单数根羽毛，本案例设计了5根羽毛。先从中间最长的羽毛开始编织。将2条2m长的绳子对折后用云雀结固定在藤圈上，编织约24cm的左右结。然后编织3个内嵌左右结的斜卷结菱形，并在相邻菱形之间增加2条30cm长的棉绳，制作成流苏。

步骤6　取相应长度的绳子制作另外4根羽毛，5根羽毛的长度递减。流苏部分可以梳开也可以不梳，根据个人喜好操作。

步骤7　制作装饰部分。尤加利叶用花艺铁丝缠绕固定在藤圈上，各种花材、松果、棉花等用热熔胶粘贴在藤圈上，如果花茎比较硬，可以直接插入藤圈。

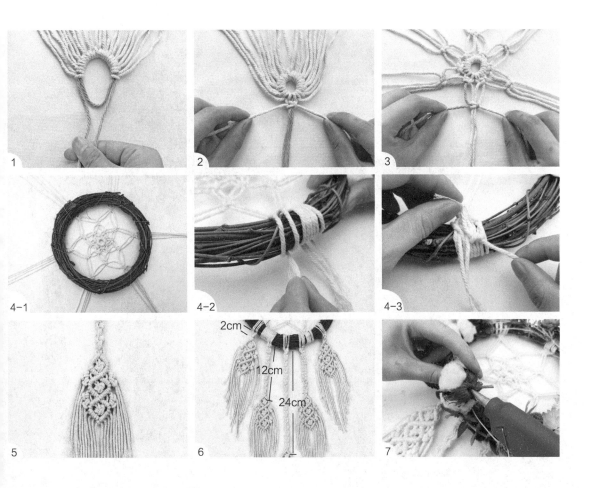

佩兰 / 台灯罩

　　将带有编织花纹的台灯罩布置于家中，开灯时编织花纹会投影在墙上，有一种别样的浪漫。台灯罩可以在网上购买到，一般是圆柱形、椭圆柱形、方柱形、梯柱形，还有一些特殊形状的可供发挥创意。

材料

台灯灯罩：上边框直径20cm、下边框直径30cm、高23cm
绳材：3mm白色棉绳、3mm肉粉色棉绳
灯座、灯泡

将绳材剪成以下长度和数量

白色棉绳：2.2m×60条（120股）
肉粉色棉绳：2.2m×12条（24股）

绳结

云雀结、平结、旋转结、斜卷结、横卷结、秘鲁结

编织纹样

交错平结 → No.1
斜卷结蝴蝶 → No.116

起头法

云雀结横向起头法

成品尺寸

上下边框直径分别为20cm和30cm、高33cm

制作步骤

步骤1　将所有的绳子分成6组，10条白色棉绳和2条肉粉色棉绳为一组，按组用云雀结将绳子固定到灯罩的上边框。

步骤2　编3排交错平结，将灯罩的竖框架作为轴线编织在内。

步骤3　肉粉色绳子作为轴线往两侧编斜卷结蝴蝶，并在蝴蝶中心编平结，将台灯竖框架也作为轴线编织在内，能起到固定位置的作用。相邻蝴蝶之间用14股绳子编一个大平结，中间10股为轴线，两侧各2股为编线。

步骤4　从肉粉色绳子开始，4股一组编旋转结，编至灯罩下边框时改编横卷结，尽量编得紧一些。编旋转结时要将竖框架作为轴线编织在内。

步骤5　每8股聚拢在一起，用其中一股编秘鲁结，最后修剪整齐。

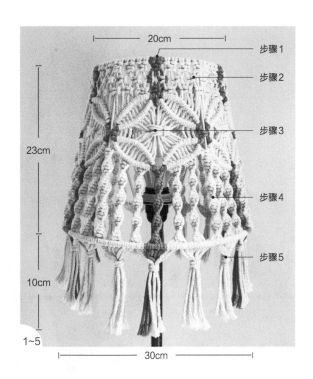

花楹 / 树枝吊灯

吊灯比台灯罩的设计更为灵活，不同尺寸和形状的金属环可以组合成圆柱形、方柱形、鼓形、多层流苏形，或者其他形状。一般选择柱形这类闭合形状时，如果编织图案为重复的纹样要注意保证纹样的完整性。另外绳结的间距、加绳、减绳都会影响纹样，多编多试才能制作出自己想要的样式。

材料

吊灯灯架：直径10cm
大圆环：直径20cm
绳材：3mm白色棉绳、3mm薄荷绿棉绳
灯座、灯泡

将绳材剪成以下长度和数量

白色棉绳：3m X 39条（78股，其中3条用于制作吊灯挂绳）
薄荷绿棉绳：2m X 24条（48股）、30cm X 24条（流苏部分）

绳结

反云雀结、平结、旋转结、斜卷结、横卷结

编织纹样

平结倒三角形 → No.32
平结空心菱形 → No.37
斜卷结向下箭头 → No.66
斜卷结贝壳花 → No.84
流苏纹样 → No.141

起头法

反云雀结横向起头法

成品尺寸

上下边框直径分别为10cm和20cm、高44cm

制作步骤

步骤1　将36条3m长的白绳对折后用反云雀结连接在吊灯灯架上，每12股为一组，编织平结倒三角形。

步骤2　沿着倒三角形编织双层斜卷结向下箭头。

步骤3　每两组中间用8股绳子编织平结菱形。

步骤4　用斜卷结箭头下的4股绳子编织一段旋转结。从灯架到旋转结长约10cm。

步骤5　先将编织旋转结的4股棉绳在大圆环上编织横卷结，用于定位。再将编织平结菱形的8股棉绳均分成2份，分别靠近旋转结的位置编织横卷结。

步骤6　每12股为一组，编织平结倒三角形。

步骤7　在每组之间用反云雀结加4条2m的薄荷绿棉绳，用8股薄荷绿棉绳编一个大平结。

步骤8　参考No.84，以4股薄荷绿棉绳为轴线，编织斜卷结贝壳花，用花朵之间的12股白色棉绳编一个大平结。

步骤9　用相邻花瓣之间的8股绿绳编一个大平结，然后取2股较长的作为编线，其他6股为轴线，编一段旋转结。

步骤10　用贝壳花下的12股白绳编织平结空心菱形。取4条30cm长的绿绳，穿过平结空心菱形制作成流苏。然后修剪所有绳尾。

步骤11　制作吊灯挂绳。根据吊灯灯架的结构，加3条白色棉绳对折后分别编一段左右结。

步骤12　嵌入灯泡后，取2股棉绳作为编线，其他棉绳和电线作为轴线，编旋转结至所需长度。

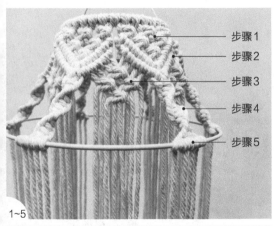

步骤1
步骤2
步骤3
步骤4
步骤5

1~5

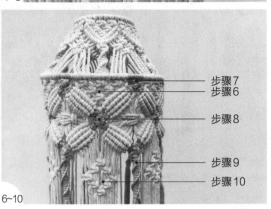

步骤7
步骤6
步骤8
步骤9
步骤10

6~10

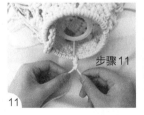

步骤11

11

步骤12

12

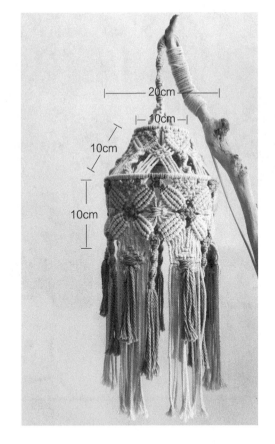

20cm
10cm
10cm
10cm

花颜 / 花瓶瓶罩

　　家中的花瓶看多了可能会有点单调乏味，用绳编来为花瓶制作一件与众不同的"外衣"，仿佛换了一个新花瓶，换了一种好心情。花瓶瓶罩可以分为两种，一种是可拆卸的，另一种是不可拆卸的，本案例属于后者。花瓶瓶罩属于柱形设计，要选择可循环重复的纹样。

A 款

材料

玻璃花瓶：直径7cm、高11cm

绳材：3mm棉绳

将绳材剪成以下长度和数量

70cm X 1条、45cm X 31条（根据瓶口直径而定）

绳结　云雀结、平结

编织纹样　平结倒三角形 → No.32

起头法　云雀结横向起头法

成品尺寸　直径7cm、高10cm

制作步骤

步骤1　将所有45cm长的棉绳用云雀结固定到70cm长的轴线上，并将轴线沿瓶口拉紧，用斜卷结连接。

步骤2　以步骤1云雀结的轴线作为新轴线，编织一圈平结。

步骤3　每12股绳子为一组，编织平结倒三角形。

步骤4　用相邻两组倒三角形之间的8股绳子编织一个大平结。

步骤5　将所有绳子沿瓶底修剪整齐。

A 款

1~5

B 款

材料

玻璃花瓶：直径7cm、高18cm

绳材：3mm棉绳

将绳材剪成以下数量及长度

1.1m X 1条、80cm X29条（根据瓶口直径而定）

绳结　云雀结、平结、斜卷结、固定结

编织纹样

平结菱形 → No.35

斜卷结叶子 → No.115

起头法　云雀结横向起头法

成品尺寸　直径7cm、高17cm

制作步骤

步骤1　将所有80cm长的棉绳用云雀结固定到1.1m长的轴线上，并将轴线沿瓶口拉紧，用斜卷结连接。

步骤2　以步骤1云雀结的轴线作为新轴线，每6股为一组，编织斜卷结叶子。

步骤3　用相邻两片叶子下的4股绳子编6个平结，然后用固定结固定。

步骤4　相邻两片叶子间的8股绳子编织平结菱形，用斜卷结收拢线尾，并用固定结固定。

步骤5　将所有绳子修剪整齐。

B 款

1~5

翠衣 / 三角旗

　　三角旗给人一种活泼的装饰感，在编织设计中三角旗是常用的单品小物，可以从三角旗上延伸出很多设计，还可以用不同颜色营造趣味性。

材料

木珠：11颗，孔径1cm

绳材：3mm白色棉绳、3mm薄荷绿棉绳

将绳材剪成以下长度和数量

白色棉绳：2m×1条（作为长轴线）、80cm×8条（16股）×5面

薄荷绿棉绳：80cm×8条（16股）×5面

绳结　云雀结、平结、斜卷结

编织纹样

交错平结→No.1

平结倒三角形→No.32

起头法　云雀结横向起头法

成品尺寸　长22cm、宽81cm

制作步骤

步骤1　在长轴线上穿入一颗木珠，将绳子再次环绕穿过木珠，达到固定的效果。

步骤2　将8条白色棉绳对折，用云雀结连接在长轴线上。用16股绳子编织3排交错平结，再编一个平结倒三角形。

步骤3　两侧绳子作为轴线，沿倒三角形编织斜卷结，然后在长轴线上穿入一颗木珠。

步骤4　重复步骤2~3，每编完一面旗子，穿入一颗木珠。

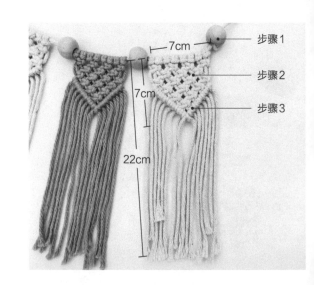

稚儿 / 旋转彩虹

　　彩虹总是会令人情不自禁产生希望与向往之情。本案例将几个彩虹形状的编织元素组合在一个悬挂装置中，另外还加入了立体螺旋纹样，加强了旋转梦幻的视觉效果。

材料

竹环：直径25cm

毛球：若干

绳材：3mm白色棉绳，各种彩色棉绳，如紫色、蓝色、粉色、黄色等

工具　垫板、珠针、缝纫针、缝纫线、梳子、热熔胶

将绳材剪成以下长度和数量

白色棉绳：3.5m×5条（挂绳）、4m×1条、3m×6条（螺旋纹样加绳）

彩虹部分：颜色可随机搭配

	白色轴线	彩色编线
内侧	25cm×9条	1m×3条
中间	30cm×9条	1.5m×3条
外侧	35cm×9条	2m×3条

绳结　梭织结、旋转结、斜卷结、固定结、平结

编织纹样　斜卷结立体螺旋 → No.64

起头法　梭织结＋旋转结悬吊起头法

加绳法　斜卷结加绳法、平结加绳法

成品尺寸　直径25cm、高50cm

制作方法

步骤1　取5条3.5m长的白色棉绳作为起始轴线，取1条4m长的白色棉线（此处用绿绳做示范）作为编线，在轴线的中间编10~12cm长的梭织结。

步骤2　将梭织结对折，用珠针固定在垫板上方便编织。

步骤3　所有白绳汇集到一起作为轴线，绿绳作为编线，编一段旋转结。

步骤4　将竹环三等分并做好记号。将步骤3的12股绳子分为3组，用横卷结连接到三等分处。

步骤5　最左侧为轴线，向右编3个斜卷结，并在同一条轴线上加2条3m长的编线（对折后为4股）。参考No.64，编织斜卷结立体螺旋。

步骤6　挑选喜欢的颜色，根据内侧、中间、外侧所对应的轴线和编线编织平结。

步骤7　排好三层彩色平结，用针线缝好，缝的时候注意每层的弧度和长度，并将两端线头长度修剪一致。

步骤8　用梳子把白色棉绳梳理蓬松。

步骤9　取40cm长的白色棉绳，穿过彩虹外侧的中点，用固定结系紧，剪掉线头。

步骤10　同样的操作完成3道彩虹，并挂在竹环上。

步骤11　将准备好的毛球用热熔胶粘在竹环上。

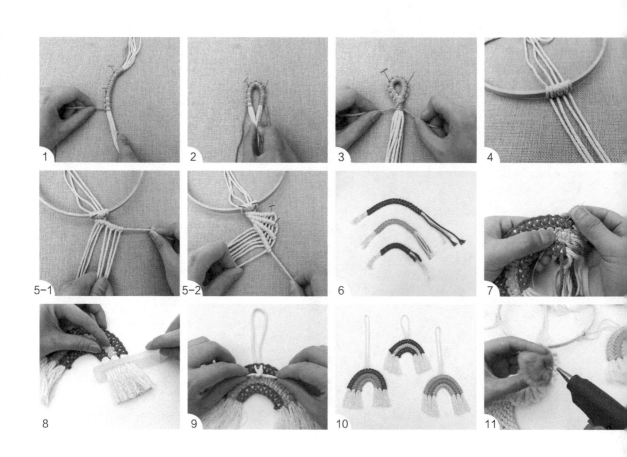

半夏、迟暮、忘忧 / 植物挂篮

　　植物挂篮是典型的悬挂设计，上方一个支撑点，其下均匀地分布3~6条竖条状编织纹样。利用挂篮可以打造出空中花园，增加家居绿植分布的层次感。

A款-半夏

材料

木环：直径3cm

木珠：孔径1cm 1个、孔径5mm 3个

绳材：3mm白色棉绳、3mm草绿色棉绳

将绳材剪成以下长度和数量

白色棉绳：3.5m × 6条（12股）

草绿色棉绳：50cm × 1条（1股）

绳结　平结

编织纹样

平结轴线转换 → No.6

花边平结 → No.15

成品尺寸　长70cm

B款-迟暮

材料

木环：直径3cm

绳材：3mm白色棉绳、3mm灰色棉绳

将绳材剪成以下长度和数量

白色棉绳：2.2m × 4条（8股）、50cm × 2条（制作缠绕结）

灰色棉绳：3.8m × 4条（8股）

绳结　缠绕结、旋转结、平结

编织纹样　平结轴线转换 → No.6

起头法　缠绕结悬吊起头法

成品尺寸　长67cm

A款-半夏

制作步骤

步骤1　将6条白绳对折穿过木环和大孔木珠。

步骤2　每4股为一组，编8个平结。

步骤3　转换轴线和编线，编织2个平结和2个花边平结，然后轴线穿入小木珠，对称再编2个花边平结和2个平结。

步骤4　转换轴线和编线，编8个平结。

步骤5　间隔一段距离，交错编织3个花边平结，位置落在花盆的中部。

步骤6　聚拢所有的绳子，并放入花盆测量花盆盆底的位置，在盆底中心与花边平结交错编织4个平结。

步骤7　聚拢所有的绳子，用50cm长的草绿色棉绳编缠绕结。

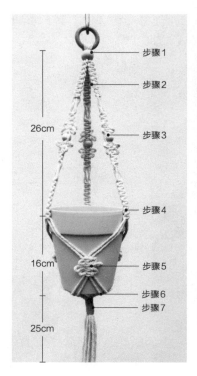
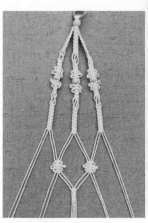

B款-迟暮

制作步骤

步骤1　将4条白绳和4条灰绳对折穿过木环。

步骤2　参照042页的缠绕结悬吊起头法，用50cm长的白绳编缠绕结固定16股绳子。

步骤3　2股白绳与2股灰绳为一组，白绳为轴线，灰绳为编线，编织约20cm的旋转结。然后转换轴线和编线，灰绳为轴线，白绳为编线，编织约3cm的旋转结。再转换轴线和编线，编织约3cm的旋转结。

步骤4　间隔约10cm，转换轴线和编线，交错编织3个平结。

步骤5　聚拢所有的绳子，并放入花盆测量花盆盆底的位置，在盆底中心用50cm长的白绳编缠绕结。

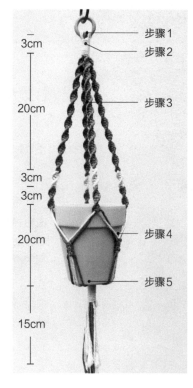
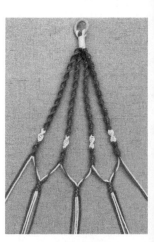

C款-忘忧

材料

木环：直径3cm

绳材：3mm白色棉绳

将绳材剪成以下长度和数量

3.5m×8条（16股）、
50cm×1条（制作缠绕结）

绳结　平结、圆柱结、斜卷结

编织纹样

平结轴线转换 → No.6
斜卷结菱形 → No.96

成品尺寸　长80cm

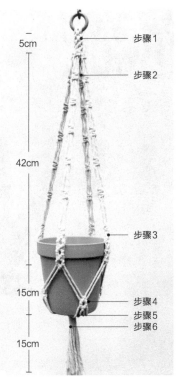

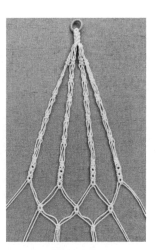

步骤1

步骤2

5cm

42cm

步骤3

15cm

步骤4

步骤5

步骤6

15cm

制作步骤

步骤1　8条绳子对折穿过木环，编织约5cm的圆柱结。

步骤2　每4股为一组编2个平结，间隔一段距离转换轴线和编线后再编2个平结，重复以上步骤共编织约35cm。

步骤3　紧接着编织3个斜卷结菱形。

步骤4　间隔一段距离，交错编织1个斜卷结菱形。

步骤5　聚拢所有的绳子，并放入花盆测量花盆盆底的位置，在盆底中心交错编织2个平结。

步骤6　聚拢所有的绳子，用50cm长的棉绳编织缠绕结。

景天/挂毯植物挂篮

    本案例不同于前面的植物挂篮设计，是一款结合了挂毯与挂篮的组合编织设计。并排的挂篮非常适合放置小花盆或小花瓶等简易的绿植或鲜花。

材料

天然树枝：长40cm

绳材：3mm棉绳

将绳材剪成以下长度和数量

3m×30条（60股）、50cm×3条（制作缠绕结）

绳结

云雀结、平结、旋转结、斜卷结、缠绕结

编织纹样

平结向上箭头 → No.26

平结向下箭头 → No.28

平结菱形内嵌纹样 → No.40

斜卷结向下箭头 → No.66

斜卷结菱形内嵌纹样 → No.96

起头法　云雀结横向起头法

成品尺寸　长55cm、宽32cm

制作步骤

步骤1　所有棉绳对折后用云雀结固定在树枝上，每20股为一组，编织3个平结向上箭头，箭头之间用平结相连。

步骤2　编织3个平结菱形，菱形中间包裹一个大平结，中间8股为轴线，两侧各1股为编线。注意菱形与箭头保持平行。

步骤3　相邻菱形之间的4股绳子编织一个平结，然后再编织3个平结向下箭头。注意箭头与菱形保持平行。

步骤4　紧贴步骤3的平结，编织斜卷结向下箭头。

步骤5　用箭头下的12股绳子编一个斜卷结菱形，菱形中间包裹一个大平结。

步骤6　斜卷结菱形两侧各编一段旋转结，长度约为菱形的两倍。

步骤7　如图编织4排交错平结。

步骤8　将小花瓶放在每组编织纹样的中间，用两侧的2股棉绳在瓶身中间编织平结，然后再分别与旁边的2股绳子编织平结。最后用缠绕结收拢每组的棉绳，完成挂篮底部。

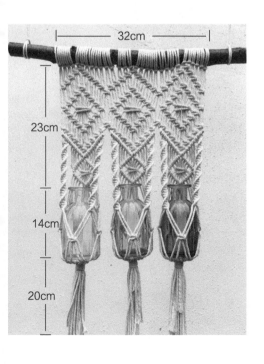

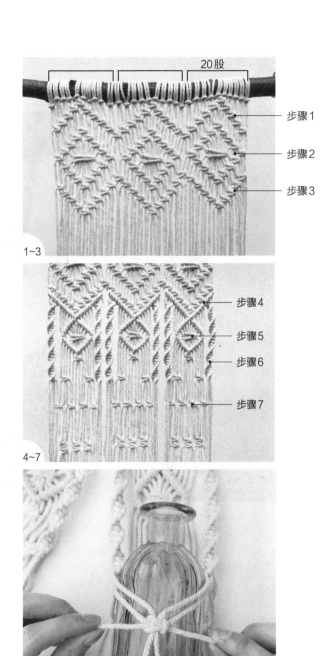

锦鲤 / 手拿信封包

　　这款手拿包采用一片式的设计，将长形编织片折叠两次，形成成品。即使只使用简单的平结，但是通过不同颜色的搭配，依然非常出彩，锦鲤图案的刺绣贴让包包更加生动。

材料

刺绣贴

绳材：灰色布条线2团、亮橘色布条线1团、深蓝色花布条线1团

工具　大孔针、布面胶水

将绳材剪成以下长度和数量

灰色布条线：70cm X 1条（起头轴线）、3.5m X 16条（32股）

亮橘色布条线：3.2m X 4条（8股）

深蓝色花布条线：3.2m X 4条（8股）、1.2m X 4条（两侧）

绳结　反云雀结、平结、斜卷结

编织纹样

交错平结 → No.1

平结倒三角形 → No.32

斜卷结向下箭头 → No.66

起头法　反云雀结起头法

成品尺寸　长25cm、宽22cm

制作步骤

步骤1　把所有的布条线按照灰色2条、亮橘色2条、深蓝色4条、亮橘色2条、灰色14条用反云雀结固定在70cm长的灰色布条线上。

步骤2　用所有的布条线编织约37cm的交错平结，然后编织平结倒三角形。

步骤3　紧贴着倒三角形编织双层斜卷结向下箭头，然后平行修剪绳尾。

步骤4　在展开的编织平面上每隔16cm做好标记，如图中的A、B、C点与A'、B'、C'点，并沿AA'连线折叠。折叠时注意将两侧的标记位点对齐。折叠后A和B重合、A'和B'重合，AA'和BB'连线为手拿包的底边；C和D重合，CC'连线为手拿包的顶部。

步骤5　在三角形包盖区域粘贴刺绣贴。

步骤6　将一条1.2m长的深蓝色花布条线穿入C点，另一条穿入D点，向内预留30cm作为平结的轴线，同时将D点的灰色布条线也作为轴线，两侧90cm为编线。

步骤7　编织一个平结，并将两侧深蓝色编线穿入下一排预留孔，继续编平结。每编2个平结，编线就穿过一排预留孔，直到编至底部的AB点。另一侧重复同样的操作，这样就把信封包的两侧连接在一起了。

步骤8　将信封包翻至内侧，把两侧各5条线头用大孔针隐藏在绳结内，并用胶水加固。

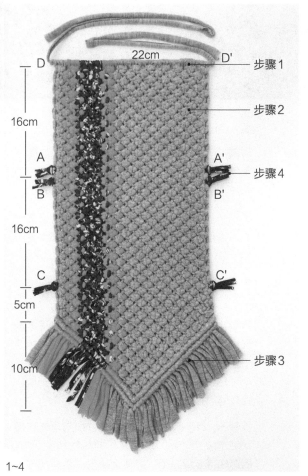

1~4

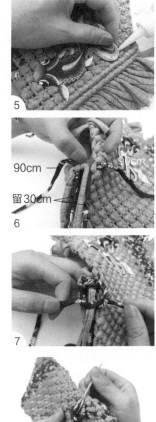

5

6

7

8

柿染 / 单肩镂空包

单肩包是常见的包袋款式，适合与休闲风、度假风、森系的服饰搭配。这款单肩镂空包的主体只用轴线转换平结便可以完成，肩带部分用金属扣作连接，可以根据自己的需要编长带或短带作为替换。

材料

束口袋：长40cm、宽40cm

金属D扣：4个

金属挂扣：2个

绳材：3mm肉粉色包芯棉绳

工具　大孔针、胶水

将绳材剪成以下长度和数量

包身：80cm×16条（32股）、1.2m×20条（40股）、50cm×5条

肩带：1m×4条、4.5m×2条

绳结

反云雀结、左右结、平结、云雀结、缠绕、单结

编织纹样　平结轴线转换 → No.9

起头法　反云雀结起头法

成品尺寸　包身长57cm、宽32cm，肩带长约34cm

制作步骤

步骤1　先制作包身。将4条80cm长的绳子用反云雀结连接到D扣上，每2股绳子编织12个左右结，在其他D扣上重复上述操作。

步骤2　将4条1.2m长的绳子在4组左右结后加绳各编一个平结，每组左右结下增至4股绳子。

步骤3　交错编织3排轴线转换平结，每排分别为3个、2个、1个。

步骤4　在D扣编织纹样一侧的2股绳子上用云雀结添加一条1.2m长的绳子，在另一组D扣对称的位置上加绳，并用两侧的4股绳子编一个轴线转换平结，将两组D扣连接在一起。另外两组D扣重复上述操作。

步骤5　将步骤4的两组组合D扣用轴线转换平结连接在一起，共编织10排轴线转换平结，每排递减2股绳子，形成倒梯形。最后一排编双平结，可以增加包底的接触面。

步骤6 将展开的平面对折，两侧用轴线转换平结连接，形成桶状的包身。

步骤7 将两侧3个平结为一组，中间4个平结为一组聚拢在一起，用50cm长的绳子编5~7圈缠绕结收尾。缠绕结太短不够承重力，缠绕结太长则流苏不灵动。

步骤8 制作肩带。取4条1m长的绳子作为轴线，2条4.5m长的作为编线。将所有绳子

的中点对齐，用单结暂时固定，然后往两侧编平结，共编66~70cm。

步骤9 将两侧轴线穿过挂扣，预留约6cm的长度。线尾对折，与预留的绳子重叠，并以重叠的所有绳子为轴线继续编织平结，直到接近挂扣。

步骤10 每侧有6个线头，用大孔针将线头藏进绳结内，涂抹少许胶水加固，并剪掉线头。

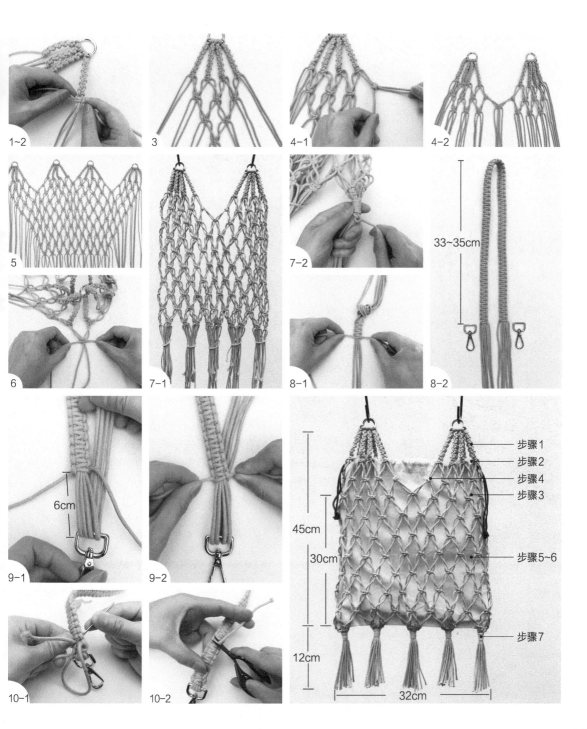

1~2

3

4-1

4-2

5

7-1

7-2

33~35cm

8-1

8-2

6cm

9-1

9-2

10-1

10-2

步骤1
步骤2
步骤4
步骤3
步骤5~6
步骤7

45cm
30cm
12cm
32cm

穆清 / 组合大挂毯

　　挂毯的制作灵活性非常高，可以挑选若干不同的纹样或形状组合在一起，增加挂毯图案的多样性，也可以增减重复纹样的数量编成或大或小不同尺寸的挂毯。本案例中的挂毯宽1m，非常适合装饰客厅或卧室等较大面积的墙面。

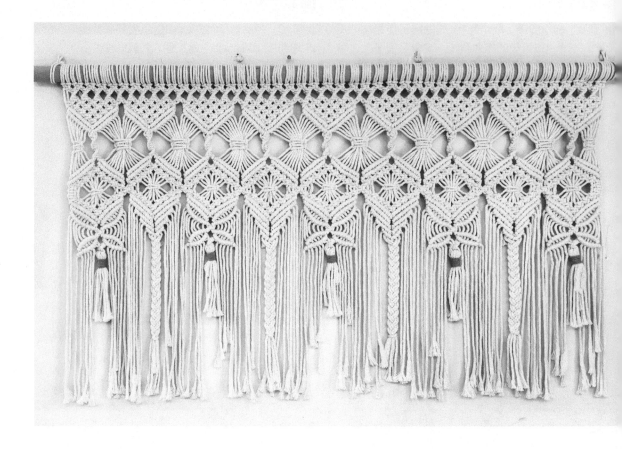

材料

木棍：长1.1m、直径2.5cm

绳材：3.5mm白色棉绳、3mm奶茶色棉绳

将绳材剪成以下长度和数量

白色棉绳：3.5m×90条（180股）、40cm×25条
（流苏加绳）

奶茶色棉绳：30cm×5条

绳结

反云雀结、旋转结、平结、斜卷结、三股辫、左右结、缠绕结

编织纹样

斜卷结向上箭头 → No.65

斜卷结向下箭头 → No.66

斜卷结组合箭头 → No.75

斜卷结蝴蝶 → No.116

流苏 → No.133

起头法　反云雀结起头法

成品尺寸　长60cm、宽1m

制作步骤

步骤1 将90条3.5m长的棉绳对折，用反云雀结固定在木棍上。

步骤2 每4股为一组编织一排共45个平结。

步骤3 交错编织5个旋转结，这一排共44组旋转结。

步骤4 每20股为一组，编织一排平结倒三角形。

步骤5 紧贴着倒三角形，编织2排斜卷结向下箭头。

步骤6 取箭头顶端的4股绳子编织10~12个旋转结。

步骤7 用每组箭头之间的16股绳子，连续编2个平结，外侧2股为编线，其余为轴线。

步骤8 从旋转结往两侧编2排斜卷结向上箭头。

步骤9 每20股为一组，编平结菱形，菱形中间包裹一个大平结。注意相邻菱形之间需要用平结连接起来。

步骤10 紧贴着平结菱形，编织一排斜卷结向下箭头。

步骤11 参考No.75，在第二、四、六、八组下编织逐层递减的斜卷结，顶端处6股绳子编三股辫。

步骤12 参考No.116，在第一、三、五、七、九组下编织斜卷结蝴蝶纹样，注意蝴蝶下翼比上翼少编2股绳子。

步骤13 用蝴蝶下的4股绳子编2个左右结。取5条40cm长的奶茶色棉绳，参考No.133，在左右结下方编织缠绕结制作流苏。

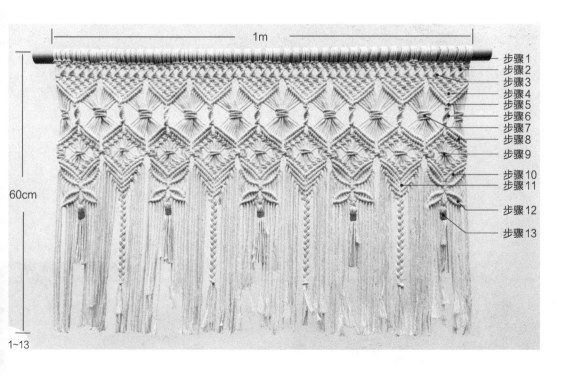

素昔 / 组合小挂毯

设计思路和大致框架与上个案例的大挂毯相似，其中细节做了变化，就形成了完全不同的设计。同样也可以增减重复纹样的数量编成不同尺寸的挂毯。

材料

木棍：长50cm、直径1.5cm

绳材：3.5mm编织纹棉绳

将绳材剪成以下长度和数量

3.5m X 32条（64股）

绳结

云雀结、平结、斜卷结、四股辫、三股辫、旋转结、固定结、秘鲁结

编织纹样

平结倒三角形 → No.32

斜卷结向上箭头 → No.65

斜卷结向下箭头 → No.66

斜卷结波浪 → No.85

起头法 云雀结横向起头法

成品尺寸 长70cm、宽40cm

制作步骤

步骤1 将所有棉绳对折用云雀结固定在木棍上，每4股编2个平结。

步骤2 每16股为一组，编平结倒三角形。紧贴着倒三角形，编织2排斜卷结向下箭头。

步骤3 取箭头下的4股绳子编4个平结。

步骤4 用每组箭头之间的12股绳子，编一小段四股辫。

步骤5 从平结往两侧编2排斜卷结向上箭头。

步骤6 用箭头下的6股绳子编一段三股辫。

步骤7 用相邻箭头之间的10股绳子编3个内嵌平结的斜卷结菱形，每往下一个菱形递减2股绳子。在3个菱形后接一段旋转结，并用固定结收尾。

步骤8 两侧的5股绳子编斜卷结波浪，并用固定结收尾。

步骤9 留白的棉绳随机编秘鲁结作为装饰。

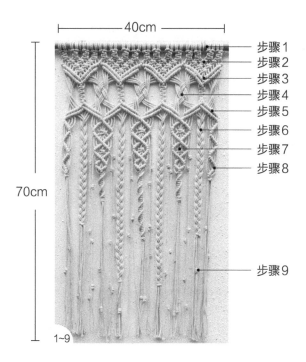

步骤1
步骤2
步骤3
步骤4
步骤5
步骤6
步骤7
步骤8

步骤9

40cm

70cm

1~9

南星／窗帘

门窗是家居中非常重要的存在，往往窗帘门帘除了遮挡作用，还具有装饰美观功能。本案例独具个性的编织窗帘以实心菱形和镂空菱形为主要设计元素，形成一长一短两层流苏，既可以完全垂下形成遮挡，也可以将长流苏拨形成半遮挡，既美观又实用。

材料

木环：20个，需和窗帘杆的尺寸匹配
大孔径木珠：20个
绳材：2.5mm棉绳

将绳材剪成以下长度和数量

窗帘主体：6m × 242条（484股）
流苏：40cm × 80条

绳结

云雀结、平结、斜卷结、旋转结、缠绕结、秘鲁结

编织纹样

平结向下箭头 → No.28
平结实心菱形 → No.35
平结内嵌菱形 → No.47
斜卷结菱形 → No.96

起头法　云雀结起头法

加绳法　两侧斜向加绳法

成品尺寸　长约2cm、宽2m

制作步骤

步骤1 取2条6m长的绳子用云雀结固定在木环上，编织一个平结。按照平结两侧斜向加绳法将10条绳子依次加入，并编成24股的实心菱形。共制作18组，作为窗帘的中间部分。

步骤2 在步骤1的基础上左侧多加一条绳子作为窗帘的左侧部分，右侧多加一条绳子作为窗帘的右侧部分。共制作2组。

步骤3 将所有的实心菱形按照左侧、中间、右侧部分排列，并用平结连接起来，然后依次贴着菱形下边缘再编一排平结。

步骤4 在相邻的实心菱形之间用16股绳子编织平结，两侧各2股为编线，其他为轴线。然后在大平结下编织平结向下箭头，形成镂空菱形。

步骤5 在步骤4相邻两组空心菱形之间编织6 X6的实心菱形。

步骤6 间隔约10cm，编织2排平结菱形，菱形中间包裹一个16股的大平结，两侧各2股为编线，其他为轴线。

步骤7 用菱形下的8股棉绳编织斜卷结菱形。接着编织一段旋转结，长度随意（此处为20cm）。将8股绳子穿过木珠，取一股40cm长的棉绳编缠绕结，制作流苏。如果觉得8股流苏太细，可以适当加绳，本案例另外加了3条40cm的棉绳。

步骤8 步骤7完成后，棉线自然分隔成了16股一组。如图所示，距离步骤6约10cm处，编16股平结实心菱形。相隔10cm，编16股平结向下箭头。再相隔10cm，编12股平结向下箭头。再相隔10cm，编8股平结菱形。

步骤9 在留白的位置随机编秘鲁结作为装饰，若长度不够，也可用秘鲁结加绳。

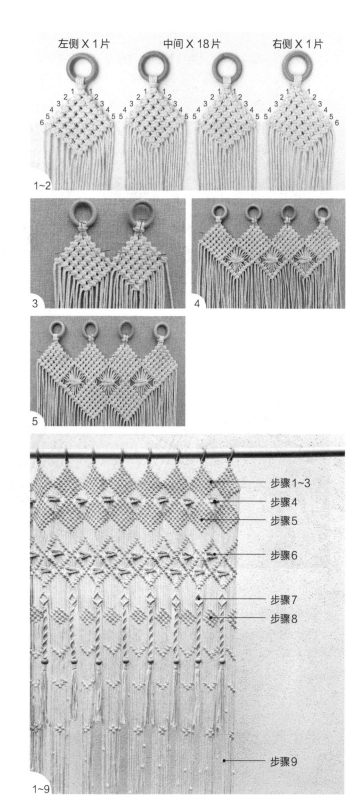

159

雅乐 / 五层云肩挂毯

在众多编织纹样中，挑几款条状纹样交错叠加在一起，并在部分条状纹样的侧边挂满流苏。这样的造型很像中国古代服饰中的云肩，故形象地称这类设计为云肩挂毯。

材料

木棍：长60cm、直径2cm
绳材：3mm白色棉绳、3mm黄色棉绳

将绳材剪成以下数量和长度

	主体	侧边流苏
第一层白绳	2.5m X 8条	50cm X 22条
第二层黄绳	80cm X 4条	
第三层白绳	3.5m X 8条	50cm X 38条
第四层黄绳	1.2m X 4条	
第五层白绳	4.5m X 8条	50cm X 56条

绳结

反云雀结、云雀结、斜卷结、平结

编织纹样

平结轴线转换 → No.6
斜卷结菱形 → No.96

起头法　反云雀结横向起头法

成品尺寸　长70cm、宽50cm

制作步骤

步骤1 编织最里面的第一层。将8条绳子用反云雀结固定在木棍上，每侧8股，编织6个内嵌平结的斜卷结菱形。然后将两侧绳子聚集到中间，取10股编织内嵌平结的双层斜卷结菱形。最后将22条50cm长的棉绳用云雀结连接在菱形之间的空白处。

步骤2 编织第二层。每侧4股，编织7个轴线转换平结。然后将两侧绳子聚集到中间，编织内嵌平结的斜卷结菱形。

步骤3 编织第三层。重复步骤1，每侧编织10个内嵌平结的斜卷结菱形，然后将38条50cm长的棉绳用云雀结连接在菱形之间的空白处。

步骤4 编织第四层。重复步骤2，每侧编织11个轴线转换平结。

步骤5 编织最外面的第五层。重复步骤1，每侧编织14个内嵌平结的斜卷结菱形，然后将56条50cm长的棉绳用云雀结连接在菱形之间的空白处。

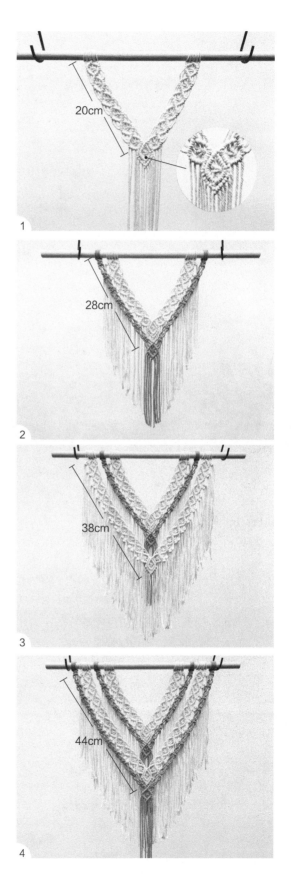

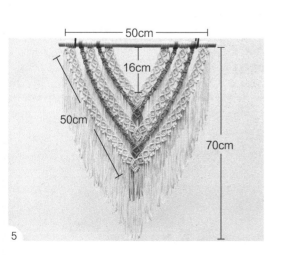

合欢 / 组合云肩挂毯

通过组合更多的纹样和配色，可以拓展更丰富的云肩设计。本案例以叶子为主要纹样，设计了3个云肩组合，主体大，两侧小，流苏部分由内往外逐层剪短，非常适合家中稍大的墙面，或者户外场景的主装置区。

材料

天然树枝：长1.1m

绳材：3mm白色棉绳、3mm薄荷绿棉绳

将绳材剪成以下长度和数量

主体

第一层：2.5m × 30条（60股，白色棉绳）
第二层：2m × 6条（12股，薄荷绿棉绳）
第三层：3.3m × 8条（16股，白色棉绳）、60cm × 46条（白色棉绳）
第四层：3.8m × 10条（20股，白色棉绳）、20cm × 60条（薄荷绿棉绳）

两侧

第一层：2m × 8条 × 2组（32股，白色棉绳）、80cm × 16条 × 2组（白色棉绳）
第二层：2m × 6条 × 2组（24股，薄荷绿棉绳）

第三层：2.5m × 10条 × 2组（40股，白色棉绳）、20cm × 24条 × 2组（白色棉绳）

绳结

反云雀结、云雀结、斜卷结、左右结、三股辫、平结

编织纹样

交错平结 → No.1
平结实心菱形 → No.35
斜卷结菱形 → No.96
斜卷结叶子 → No.115、124

起头法 反云雀结横向起头法

成品尺寸 长85cm、宽109cm

制作步骤

步骤1 制作主体部分。将第一层的30条绳子用反云雀结固定在树枝上，每20股为一组，编织斜卷结叶子，每排叶子之间用2个左右结连接。如图编织相应数量的叶子后，在叶尖和中间编织2~6个左右结。

步骤2 编织第二层。在步骤1两侧用6股薄荷绿棉绳编织30cm的三股辫并汇合，然后用12股绳子继续编织三股辫，长度随意。

步骤3 编织第三层。在步骤2两侧用8股3.3m长的绳子编织40cm的交错平结并汇合，然后用16股绳子编织内嵌大平结的斜卷结菱形。将60cm长的绳子用云雀结连接在侧边相邻平结之间，每侧23条。

步骤4 编织第四层。在步骤3两侧用10股绳子编织48cm的斜卷结叶子，叶子首尾相连。中间的汇合处用16股绳子编织平结实心菱形，再用叶子收拢，然后编织任意长度的左右结。将20cm长的薄荷绿棉绳用云雀结连接在侧边相邻的叶子之间，每处5条。

步骤5 参照主体部分编织两侧部分。

第一层用8股绳子编织15cm的交错平结，汇合处用16股棉绳编织内嵌大平结的斜卷结菱形。将80cm长的棉绳对折后用云雀结连接在侧边相邻平结之间。

第二层用6股薄荷绿棉绳编织20cm的三股辫，汇合后继续编三股辫。

第三层用10股绳子编织25cm的斜卷结叶子，汇合处编任意长度的左右结。将20cm长的棉绳对折后用云雀结连接在侧边相邻的叶子之间。

步骤6 修剪流苏造型，一般剪成尖头或圆头形。

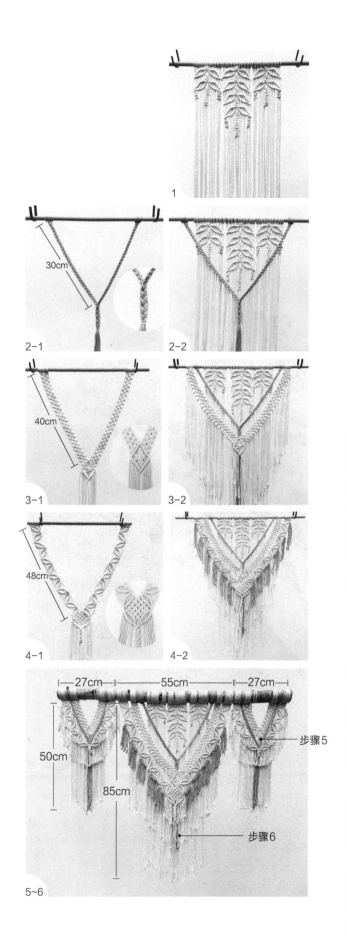

青黛/枝叶挂毯

　　枝叶挂毯是一款仿照树枝形态设计制作的作品，没有固定的款式和走向，枝叶的长度与角度可以随心设计。本案例将枝叶设计成下垂造型，整体走势向下，并伴有几片树叶缓缓落下。

材料

天然树枝：长40cm

绳材：蓝色扁棉绳

将绳材剪成以下长度和数量

4m × 30条（60股）

绳结　云雀结、斜卷结、单结

编织纹样　斜卷结叶子→No.126

起头法　云雀结横向起头法

成品尺寸　长约90cm、宽32cm

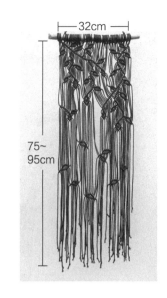

制作步骤

步骤1　将所有棉绳用云雀结连接在树枝上。

步骤2　参考No.126的编织方法，按照绿色
→白色→黄色→橘色→紫色→蓝色→红色的编
织顺序由上往下编。由于枝叶设计更注重的
是枝干的走向，而枝干长度与角度可以随心编
织。如果很难直接在脑子里形成概念，可以先
在纸上画出大概的枝叶形态。

步骤3　枝叶部分编完后，绳材有长有短，根
据自己的喜好修剪。本案例是在90cm处编单
结后剪齐。

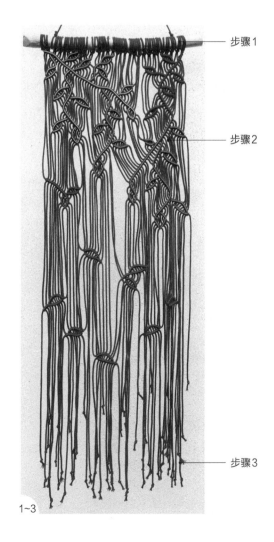

步骤1

步骤2

步骤3

1~3

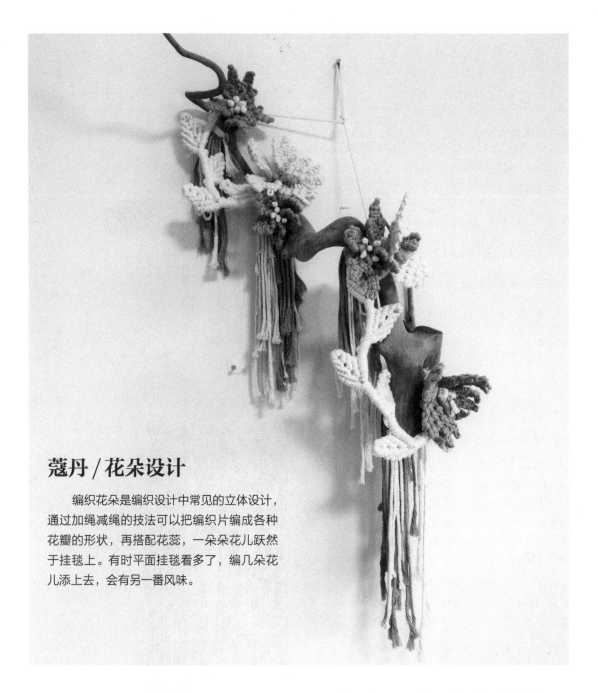

蔻丹 / 花朵设计

　　编织花朵是编织设计中常见的立体设计，通过加绳减绳的技法可以把编织片编成各种花瓣的形状，再搭配花蕊，一朵朵花儿跃然于挂毯上。有时平面挂毯看多了，编几朵花儿添上去，会有另一番风味。

材料

不规则树枝

绳材：3mm白色棉绳、3mm肉粉色棉绳

工具　白乳胶、珠针、垫板

将绳材剪成以下长度和数量

A花：80cm×6条×5组（肉粉色棉绳）

B花：80cm×6条×5组（白色棉绳）

C花：80cm×6条×5组（白色棉绳）

D花：80cm×4条×5组（肉粉色棉绳）

E花：80cm×4条×5组（肉粉色棉绳）

花蕊：若干短绳

叶子枝干：3m×6条（白色棉绳）

绳结

平结、斜卷结、凤尾结、秘鲁结、缠绕结

编织纹样

平结花朵 → No.127

叶子枝干 → No.129

制作步骤

步骤1　参考No.127的花朵平结编法，制作A花和B花。A花和B花编法相同，只是颜色不同。取3条棉绳对折，用珠针固定在垫板上，添加3条棉绳作为编线，交错编织5排平结，每排分别为3个（中间为双平结）、2个、3个、2个和1个。最后将所有棉绳依次往中心编斜卷结聚拢，两侧各留下3股。共计制作5组。

步骤2　制作C花。编2个独立平结，用珠针并排固定在垫板上。两侧各加一条对折的棉绳，然后交错编织5排平结，每排分别为3个、2个、3个、2个和1个。最后将所有棉绳依次往中心编斜卷结聚拢，两侧各留下3股。共计制作5组。

步骤3　制作D花。取1条棉绳对折后，用珠针固定在垫板上，添加1条绳子编2个平结。然后在两侧各加1条对折的棉绳，交错编织2排平结，分别为2个和1个。最后将所有棉绳依次往中心编斜卷结聚拢，两侧各留下2股。共计制作5组。

步骤4　制作E花。编1个独立平结，然后在两侧各加1条对折的棉绳，交错编织2排平结，分别为2个和1个。最后将所有棉绳依次往中心编斜卷结聚拢，两侧各留下2股。共计制作5组。

步骤5　剪掉所有花瓣侧边留下的绳子，涂抹白乳胶防止脱线。花瓣制作好后，用凤尾结或秘鲁结编若干花蕊，组合成一朵五瓣花朵。可以根据自己的设计增减花朵数量，本案例制作了6朵花。

步骤6　制作叶子枝干。参考No.129，制作2条白色枝干，注意枝干两头都要留有足够长度的棉绳，以便缠绕在树枝上。

步骤7　在树枝上选择一个合适的位置，将花朵下的棉绳分为两组，包裹在树枝上，并用缠绕结固定。叶子枝干则穿插在花朵之间，也用缠绕结或其他绳结绑在树枝上。

步骤8　整理下垂的流苏，既可以编绳结，也可以梳理成蓬松状，根据自己的设计进行处理。

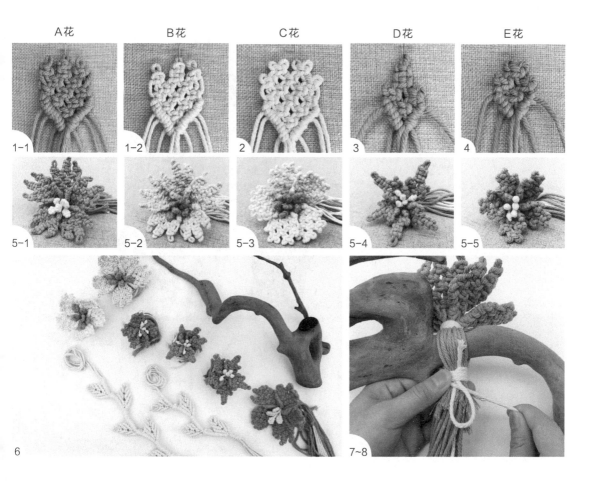

A花	B花	C花	D花	E花
1-1	1-2	2	3	4
5-1	5-2	5-3	5-4	5-5

6

7~8

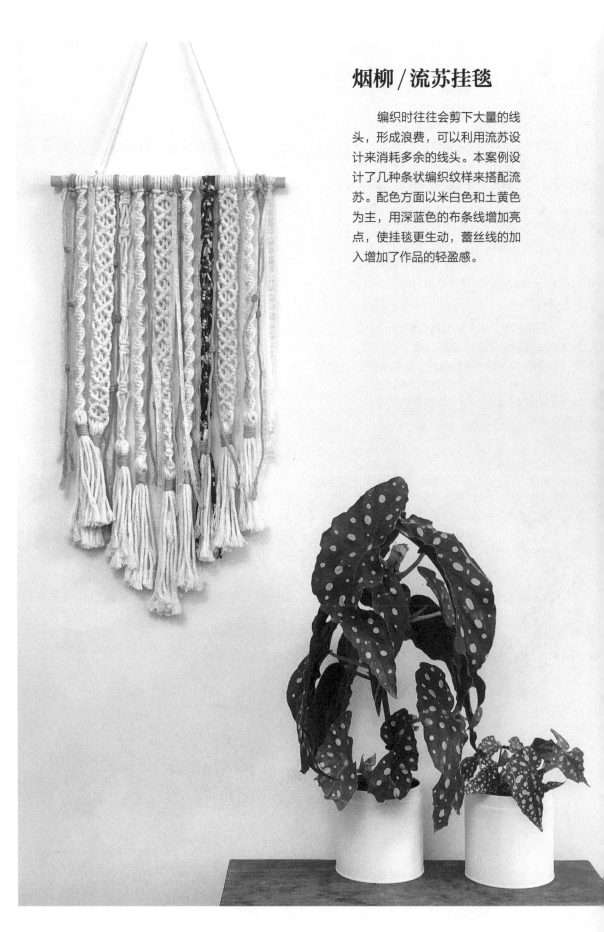

烟柳 / 流苏挂毯

　　编织时往往会剪下大量的线头，形成浪费，可以利用流苏设计来消耗多余的线头。本案例设计了几种条状编织纹样来搭配流苏。配色方面以米白色和土黄色为主，用深蓝色的布条线增加亮点，使挂毯更生动，蕾丝线的加入增加了作品的轻盈感。

材料

木棍：长 35cm、直径 1.5cm

绳材：3mm 白色棉绳、3mm 土黄色棉绳、深蓝色布条线、蕾丝线

将绳材剪成以下长度和数量

白色棉绳：3.2m × 3 条（6 股）、3m × 10 条（20 股）、2.5m × 4 条（8 股）、1.8m × 2 条（4 股）

土黄色棉绳：80cm × 6 条

深蓝色布条线：1.8m × 2 条（4 股）

蕾丝线：70cm × 8 条

收集超过 40cm 的白色线头 54 条

绳结　云雀结、平结、旋转结、斜卷结、秘鲁结、缠绕结

编织纹样

平结轴线转换 → No.6
斜卷结菱形 → No.96
流苏 → No.133

成品尺寸　长 50cm、宽 30cm

制作步骤

步骤 1　从中间开始编织，将 3 条 3.2m 长的白色棉绳用云雀结固定在木棍上，编 35cm 的斜卷结菱形。

步骤 2　取 4 条 3m 长的白色棉绳挂在步骤 1 的两侧，编织 32cm 的旋转结。旋转结中间的轴线是不参与编织的，长度消耗很少，因此将绳子固定到木棍上的时候在 50cm 的位置弯折，将短的 2 股放在中间做轴线。

步骤 3　将 1.8m 长的深蓝色布条线和白色棉绳编挂在步骤 2 的两侧，编织 30cm 的轴线转换平结。

步骤 4　将 6 条 3m 长的白色棉绳挂在步骤 3 的两侧，编织 28cm 的斜卷结菱形。

步骤 5　将 4 条 2.5m 长的白色棉绳挂在步骤 4 的两侧，编织 26cm 的旋转结。固定绳子时在 40cm 的位置弯折，将短的 2 股放在中间做轴线。

步骤 6　将土黄色棉绳穿插在白色棉绳之间，随机编织秘鲁结。

步骤 7　参考 No.133，在每条编织纹样下用 6 条白色线头制作流苏。

步骤 8　将蕾丝线穿插在挂毯中，由中间到两侧逐渐变短。最后将挂毯修剪成尖头形。

30cm

步骤 1
步骤 2
步骤 3
步骤 4
步骤 5
步骤 6

50cm

1~6

7

8